Push your Career Publish your Thesis

Science should be accessible to everybody. Share the knowledge, the ideas, and the passion about your research. Give your part of the infinite amount of scientific research possibilities a finite frame.

Publish your examination paper, diploma thesis, bachelor thesis, master thesis, dissertation, or habilitation treatises in form of a book.

A finite frame by infinite science.

An Imprint of
Infinite Science GmbH
MFC 1 | Technikzentrum Lübeck
BioMedTec Wissenschaftscampus
Maria-Goeppert-Straße 1
23562 Lübeck
book@infinite-science.de
www.infinite-science.de

Herausgeber

Thorsten Buzug
Institute of Medical Engineering
University of Lübeck
buzug@imt.uni-luebeck.de

Reihe: Medizinische Ingenieurwissenschaft und Biomedizintechnik

Diese Reihe umfasst Werke der Medizinischen Ingenieurwissenschaft und Biomedizintechnik, deren Themen strategisch unter den Zukunftstechnologien mit hohem Innovationspotenzial anzusiedeln sind. Als wesentliche Trends dieser Forschungsgebiete, sind die Schlüsselbereiche Computerisierung, Miniaturisierung und Molekularisierung zu nennen. Bei der Computerisierung sind dabei die inhaltlichen Schwerpunkte beispielsweise in der Bildgebung und Bildverarbeitung gegeben. Die Miniaturisierung spielt unter anderem bei intelligenten Implantaten, der minimalinvasiven Chirurgie aber auch bei der Entwicklung von neuen nanostrukturierten Materialien eine wichtige Rolle, und die Molekularisierung ist in der regenerativen Medizin aber auch im Rahmen der sogenannten molekularen Bildgebung ein entscheidender Aspekt. Forschungs- und Entwicklungspotenzial werden auch der Biophotonik und der minimal-invasiven Chirurgie unter Berücksichtigung der Robotik und Navigation zugeschrieben. Querschnittstechnologien wie die Mikrosystemtechnik, optische Technologien, Softwaresysteme und Wissenstechnologien sind dabei von hohem Interesse.

Justin Ackers

Entwicklung einer
Anregungsfeldspule
für Magnetic Particle Imaging

Medizinische Ingenieurwissenschaft
und Biomedizintechnik — Band 19
Herausgeber: Thorsten Buzug

© 2017 Infinite Science Publishing
University Press and
Academic Printig

Imprint of Infinite Science GmbH,
MFC 1 | BioMedTec Wissenschaftscampus
Maria-Goeppert-Straße 1
23562 Lübeck

Cover Design, Illustration: Uli Schmidts, metonym
Copy Editing: University of Lübeck, Institute of Medical Engineering

Publisher: Infinite Science GmbH, Lübeck, www.infinite-science.de
Print: BoD, Norderstedt

ISBN Paperback: 978-3-945954-43-0

Das Werk, einschließlich seiner Teile, ist urheberrechtlich geschützt. Jede Verwertung ist ohne Zustimmung des Verlages und des Autors unzulässig. Dies gilt insbesondere für die elektronische oder sonstige Vervielfältigung, Bearbeitung, Übersetzung, Mikroverfilmung, Verbreitung und öffentliche Zugänglichmachung sowie die Einspeicherung und Verarbeitung in elektronischen Systemen.

Die Wiedergabe von Gebrauchsnamen, Handelsnamen, Warenbezeichnungen usw. in dieser Publikation berechtigt auch ohne besondere Kennzeichnung nicht zu der Annahme, dass solche Namen im Sinne der Warenzeichen- und Markenschutz-Gesetzgebung als frei zu betrachten wären und daher von jedermann verwendet werden dürften.

Bibliografische Information der Deutschen Nationalbibliothek:
Die Deutsche Nationalbibliothek verzeichnet diese Publikation in der Deutschen Nationalbibliografie; detaillierte bibliografische Daten sind im Internet über http://dnb.d-nb.de abrufbar.

Bibliographic information published by the Deutsche Nationalbibliothek
The Deutsche Nationalbibliothek lists this publication in the Deutsche Nationalbibliografie; detailed bibliographic data are available in the internet at http://dnb.d-nb.de.

Zusammenfassung

Magnetic Particle Imaging (MPI) ist eine neue Bildgebungsmethode, die die räumliche und zeitliche Verteilung von Eisenoxid-Nanopartikeln mit hoher Auflösung darstellen kann. Zur Bildgebung werden die Anregung der Teilchen durch ein hochfrequentes Wechselfeld und die daraus resultierenden Signale verwendet. Da eine im ganzen Volumen homogene Anregung bei einem angemessenen Leistungsverlust anzustreben ist, werden in dieser Arbeit verschiedene Spulengeometrien für diese Anregung auf ihre Vorteile bei MPI hin überprüft und optimiert. Mit den Ergebnissen dieser Arbeit lässt sich in Abhängigkeit von der benötigten Homogenität und des im Scanner zur Verfügung stehenden Platzes eine Leistungseinsparung von bis zu 30% im Vergleich zum Standardansatz erreichen.

Abstract

Magnetic Particle Imaging (MPI) is a new imaging method, that is able to determine the spatial and temporal distribution of iron-oxide nanoparticles with good resolution. To perform imaging the particles are excited with a high-frequency time-varying magnetic field and the resulting signals are used to reconstruct the image. Since it is important to establish a homogenous excitation in the complete volume with reasonable power loss, this works investigates different coil geometries regarding its use in MPI. The optimized coils reduce the required power by up to 30% depending on the desired homogeneity and available space inside of the scanner.

Inhaltsverzeichnis

1 Einleitung 1

2 Grundlagen 3
   2.1 Physikalische Grundlagen 3
      2.1.1 Widerstand und Impedanz 3
      2.1.2 Elektrische Leistung 5
      2.1.3 Erzeugung von Magnetfeldern 6
      2.1.4 Eigenschaften einer langen Zylinderspule .. 7
      2.1.5 Induktionsgesetz 8
      2.1.6 Skin-Effekt 8
      2.1.7 Proximity-Effekt 10
      2.1.8 Impedanzanpassung 10
   2.2 Magnetic Particle Imaging 12
      2.2.1 Funktionsweise 12
      2.2.2 Räumliche Auflösung 15
      2.2.3 Die feldfreie Linie 16
      2.2.4 Potentielle Anwendungen 17

3 Material und Methoden 19
   3.1 Simulationsumgebung 19
   3.2 Parameter zur Bewertung 26
   3.3 Rahmenbedingungen des Spulendesigns 30
   3.4 Spulenkonstruktion 33
   3.5 Alternative Spulengeometrien 35

4 Ergebnisse 41
   4.1 Simulation 41
      4.1.1 Leiterdurchmesser 41
      4.1.2 Länge der Zylinderspule 43
      4.1.3 Evaluation alternativer Spulengeometrien . 45
      4.1.4 Zusammenfassung 52
   4.2 Realisierte Spulen 54

5 Diskussion und Ausblick 57

Literatur 63

Einleitung

Seit der Einführung im Jahr 2005 durch B. Gleich und J. Weizenecker hat sich die neue Bildgebungstechnik des Magnetic Particle Imagings (kurz MPI) in vielversprechende Richtungen weiterentwickelt [1]. Bei dieser Technik macht man sich die nicht-lineare Magnetisierungskurve von superparamagnetischen Eisenoxid-Nanopartikeln (engl. superparamagnetic iron oxide nanoparticles, kurz SPIONS) zunutze, um deren räumliche Konzentrationsverteilung darzustellen. Dazu werden ausschließlich magnetische Felder verwendet, sodass im Gegensatz zu etablierten Verfahren wie der Computertomographie (CT) oder Positronenemissionstomographie (PET) komplett auf ionisierende Strahlung verzichtet werden kann. Da während der Bildgebung nur der superparamagnetische Tracer dargestellt wird und kein Signal vom umgebenden Gewebe ausgeht, ist bei MPI intrinsisch ein sehr hoher Kontrast vorhanden. Außerdem kann eine gute Sensitivität erreicht werden, da auch sehr geringe Konzentrationen ein messbares Signal erzeugen. Zusätzlich kann der Scanvorgang sehr schnell ablaufen, sodass Bildgebung in Echtzeit möglich ist. Durch diese Eigenschaften eignet sich MPI besonders für potentielle Anwendungen in der Angiographie oder in der Zellverfolgung [2].

Um eine Ortskodierung in MPI zu realisieren, verwendet man im Normalfall ein statisches Selektionsfeld mit einem einzigen feldfreien Punkt (FFP) und Gradienten in alle Raumrichtungen. Dadurch wird nur an diesem feldfreien Punkt ein Signal erzeugt, da an den restlichen Positionen die magnetischen Nanopartikel durch das Selektionsfeld in einen Sättigungszustand gebracht werden. Eine Alternative zum FFP ist es, das Feld so zu konstruieren, dass es eine feldfreie Linie (FFL) gibt [3]. Damit tragen alle Partikel auf dieser Linie gleichzeitig zum Signal bei und es lassen sich die Informationen analog zu Röntgenverfahren entweder als Projektion verwenden oder

1 Einleitung

mit tomographischen Verfahren zu Schnittbildern verarbeiten. Der Vorteil der Bildgebung mit einer feldfreien Linie ist, dass die Menge an Partikeln, die auf einmal zum Signal beitragen, größer ist und somit das Signal stärker wird [4]. Das Selektionsfeld lässt sich entweder mit Hilfe von Spulen oder mit einer Permanentmagnetanordnung realisieren [5][6].

Gegenstand dieser Arbeit ist die Weiterentwicklung der Anregungsfeldspule für einen experimentellen MPI-Scanner, der mittels einer Permanentmagnetanordnung eine FFL generiert. Dieser Scanner wird im Moment am Institut für Medizintechnik der Universität zu Lübeck entwickelt [7]. In Zukunft soll der Scanner mit einem Kupferschirm ausgestattet werden, um die Bildgebungsfläche vor eventuellen Störsignalen zu schützen und so das aufgenommene Signal zu verbessern. Mit der aktuellen Anregungsspule würde es durch die Induktion von Wirbelströmen in der Abschirmung zu einem unverhältnismäßig hohen Leistungsverlust und damit zu einer starken Wärmeentwicklung kommen. Dies würde eine verbesserte Kühllösung erfordern.

Aus diesem Grund soll in dieser Arbeit untersucht werden, in wie weit es möglich ist, bei der benötigten Feldhomogenität und -stärke eine Leistungseinsparung zum Beispiel durch geometrische Veränderungen des Aufbaus der Spule zu erreichen. In Kapitel 2 werden zunächst die für die Betrachtung notwendigen Grundlagen erläutert, woraufhin in Kapitel 3 die Simulationsumgebung und die zur Spulenkonstruktion gebauten Hilfsmittel präsentiert werden. Außerdem werden alternative geometrische Ansätze mit ihren für die Simulation relevanten Parametern eingeführt. In Kapitel 4 werden dann die durchgeführten Simulationen und die erhaltenen Ergebnisse vorgestellt. Dort werden ebenfalls die Messergebnisse der realisierten Spulen ausgewertet. Im Anschluss erfolgt in Kapitel 5 eine Diskussion der Anwendbarkeit der Ergebnisse, woraufhin zum Abschluss weitere Ausblicke auf nachfolgende Schritte bei der Scannerkonstruktion gegeben werden.

Grundlagen

In diesem Kapitel soll ein Überblick der für die Simulation und Optimierung bedeutsamen physikalischen Grundlagen gegeben werden. Im ersten Abschnitt werden die relevanten Formeln und Effekte der elektromagnetischen Feldtheorie kurz zusammengefasst. Danach wird näher auf die Funktionsweise des Magnetic Particle Imaging eingegangen, um die Anforderungen an die zu konstruierende Spule genauer bewerten zu können.

2.1 Physikalische Grundlagen

Die Grundlagen der elektromagnetischen Feldtheorie bilden heutzutage die in 1865 durch James C. Maxwell zusammengestellten Maxwellschen Gleichungen [8]. Sie beschreiben mit einem System aus vier Differentialgleichungen und drei Materialgleichungen alle Erscheinungen, die mit elektrischen und magnetischen Feldern zusammenhängen. Im Folgenden sollen nur die für diese Anwendung relevanten Aspekte vorgestellt werden. Der interessierte Leser sei auf weiterführende Literatur verwiesen [9].

2.1.1 Widerstand und Impedanz

Der Widerstand R eines elektrischen Leiters beschreibt dessen Eigenschaft, bei welchem anliegenden Feld ein bestimmter elektrischer Strom fließen kann. Der Zusammenhang zwischen Strom I und Spannung U an einem Widerstand ist durch das Ohmsche Gesetz

$$U = RI \tag{2.1}$$

2 Grundlagen

gegeben. Der Widerstand eines Leiters mit der Länge l und der konstanten Querschnittsfläche A lässt sich mit

$$R = \frac{l}{\sigma \cdot A} \qquad (2.2)$$

berechnen. Dabei ist σ die spezifische Leitfähigkeit des Materials in $\mathrm{S\,m^{-1}}$. Für Kupfer gilt $\sigma = 58 \cdot 10^6\,\mathrm{S\,m^{-1}}$ [9, S.239]. Der Widerstand wird in Ohm angegeben.

Die komplexe Impedanz

Wenn man die Eingangsgrößen in einem zu analysierenden Netzwerk auf Überlagerungen von sinusförmigen Signalen beschränkt, lässt sich das normalerweise durch Differentialgleichungen gegebene Verhalten von Induktivitäten und Kapazitäten durch die Einführung der komplexen Impedanz vereinfachen [10, S.713]. Man verwendet statt eines zeitabhängigen Eingangssignals in Form eines Kosinus nun einen komplexen Zeiger, der die Amplitude und Phase des Kosinus aus der zeitlichen Darstellung übernimmt.

$$U(t) = \hat{U} \cos(\omega t + \psi) \quad \text{entspricht} \quad \underline{U} = \hat{U} e^{j\phi} \qquad (2.3)$$

Nun lässt sich im Allgemeinen jedem Bauteil eine komplexe Impedanz Z zuweisen, die sich nach

$$\underline{Z} = R + jX \qquad (2.4)$$

zusammensetzt. R bezeichnet dabei den reellen Widerstand (Resistanz) und X die sogenannte Reaktanz. Mit dieser Impedanz lassen sich alle Größen mit dem Ohmschen Gesetz (2.1) aus dem Gleichstromfall berechnen, wobei der Widerstand durch die Impedanz ersetzt wird und Strom und Spannung durch ihre jeweiligen komplexen Größen. Für die Impedanzen der drei grundlegenden Bauteile lassen sich folgende Ausdrücke aufstellen:

$$\underline{Z}_R = R, \quad \underline{Z}_C = \frac{1}{j\omega C} \quad \text{und} \quad \underline{Z}_L = j\omega L. \qquad (2.5)$$

Dabei ist C die Kapazität in Farad und L die Induktivität in Henry. Man sieht, dass die Impedanzen für Induktivität und Kapazität von der Kreisfrequenz ω des Eingangssignals abhängen und rein komplexwertig sind. Damit ergibt sich, je nach Vorzeichen, eine Phasenverschiebung von Strom und Spannung von ±90°, was dem durch die hier nicht genannten Differentialgleichungen idealen Verhalten eines solchen Bauteils entspricht.

2.1 Physikalische Grundlagen

2.1.2 Elektrische Leistung

Fließt ein konstanter elektrischer Strom durch einen Widerstand wird an diesem Energie in Form von Wärme abgegeben. Für die abgegebene Leistung in Watt gilt

$$P = UI = RI^2 = \frac{U^2}{R}, \tag{2.6}$$

wobei I der elektrische Strom in Ampere und U die über dem Widerstand abfallende Spannung in Volt sind. Diese Gleichungen gelten im Gleichstromfall. Sobald zeitlich veränderliche Ströme und Spannungen auftreten, bedarf es einer neuen Definition. Die Betrachtung der Leistung im Wechselstromfall liegt nicht direkt auf der Hand, da nun U und I zeitabhängige Funktionen sind, und damit nach Gleichung 2.6 auch die aktuelle Leistung im Stromkreis mit der Zeit veränderlich ist. Man kann allerdings mit den komplexen Größen aus dem vorigen Abschnitt auch eine komplexe Leistung definieren. Mit den Zeigern für Strom und Spannung ergibt sich damit

$$\underline{P} = \frac{1}{2}\underline{U}\,\underline{I}^*, \tag{2.7}$$

wobei $\underline{I}^*$ der komplex konjugierte Wert des komplexen Stroms ist. Der Vorfaktor $1/2$ ergibt sich daraus, dass bei einer zeitlichen Mittelung eines quadrierten Sinussignals nur ein Gleichanteil von genau $1/2$ übrig bleibt und wir die Leistung hier im zeitlichen Mittel betrachten wollen. Teilt man diesen Faktor auf Strom und Spannung auf, kann man den sogenannten Effektivwert, bzw. RMS-Wert (engl. root mean square) definieren. Dieser ergibt sich aus den Peakwerten $\hat{U}$ und $\hat{I}$ durch Multiplikation mit dem Vorfaktor $1/\sqrt{2}$ [10, S.760].

Der Realteil von P ist die am reellen Teil der Impedanz in Wärme oder anderweitig nutzbare Energie umgewandelte Leistung. Diesen Teil bezeichnet man als Wirkleistung. Der Teil der Leistung, der an der Reaktanz in der ersten Teil der Periode aufgenommen und im zweiten Teil wieder abgegeben wird, spiegelt sich im Imaginärteil der Leistung wieder. Da diese Leistung nicht abgegeben oder genutzt wird, sondern lediglich die Leitungen und Quelle belastet, bezeichnet man diese als Blindleistung. Spricht man vom Betrag der komplexen Leistung bezeichnet man diesen als Scheinleistung. Für die mittlere Wirkleistung an einer beliebigen Impedanz Z lässt sich auch folgender Ausdruck aufstellen:

$$\overline{P} = \frac{1}{2}\frac{\hat{U}^2}{|Z|}\cos(\phi). \tag{2.8}$$

Dabei ist $\hat{U}$ die Amplitude der an der Impedanz anliegenden sinusförmigen Spannung und ϕ der Phasenwinkel zwischen Strom und Spannung [10, S.759]. An einer Impedanz Z gilt $\phi = \arg(Z)$.

2.1.3 Erzeugung von Magnetfeldern

Für Frequenzen im Kilohertz Bereich, wie sie bei der Anregung in MPI auftauchen (siehe Abschnitt 2.2), lässt sich eine Vereinfachung der Maxwellschen Gleichungen durchführen. In der quasistationären Näherung ist in der dritten Maxwellschen Gleichung die Verschiebestromdichte **D** vernachlässigbar, da diese in diesem Frequenzbereich keinen Einfluss hat. Damit ist nur noch die Stromdichte **j** die Ursache für das Wirbelfeld **H**. Und es gilt für die Rotation des magnetischen Feldes

$$\mathrm{rot}(\mathbf{H}) = \mathbf{j}. \tag{2.9}$$

H ist dabei die magnetische Feldstärke, mit der Maßeinheit $\mathrm{A\,m^{-1}}$. Nach dieser Gleichung erzeugt ein stromdurchflossener Leiter in seinem Umfeld ein magnetisches Feld. Die Stärke des durch eine Stromdichteverteilung $\mathbf{j}(\mathbf{r})$ verursachten Feldes am Punkt **r** lässt sich mithilfe des **Gesetzes von Biot-Savart** berechnen. Für die magnetische Flussdichte **B** am Punkt **r** gilt

$$\mathbf{B}(\mathbf{r}) = \frac{\mu_0}{4\pi}\int_V \frac{\mathbf{j}(\mathbf{r}') \times (\mathbf{r} - \mathbf{r}')}{|\mathbf{r} - \mathbf{r}'|^3}\mathrm{d}\mathbf{r}'. \tag{2.10}$$

Die Permeabilität des Vakuums μ_0 beträgt dabei $4\pi \cdot 10^{-7}\,\mathrm{N\,A^{-2}}$. Das Verhältnis von magnetischer Flussdichte **B** und magnetischer Feldstärke **H** ist je nach Material unterschiedlich, im Vakuum gilt der Zusammenhang $\mathbf{B} = \mu_0\mathbf{H}$, bei ferromagnetischen Materialien gibt es keinen linearen Zusammenhang mehr. Dort gilt $\mathbf{B} = \mu_0(\mathbf{H} + \mathbf{M})$, wobei **M** die im Allgemeinen von **H** abhängige Magnetisierung des Materials ist.

Begrenzt man die kontinuierliche Stromdichteverteilung auf dünne Leiterbahnen, ist es möglich Gleichung 2.10 zu vereinfachen. Mit dem Strom I, der durch den ganzen Leiter fließt, und Integration über die infinitisimalen Leiterabschnitte ds' ergibt sich

$$\mathbf{B}(\mathbf{r}) = -\frac{\mu_0 I}{4\pi} \oint \frac{(\mathbf{r} - \mathbf{r}') \times \mathrm{d}\mathbf{s}'}{|\mathbf{r} - \mathbf{r}'|^3} \qquad (2.11)$$

als vereinfachter Ausdruck für geschlossene Leiterschleifen. Diese analytischen Gleichungen ermöglichen es, für beliebige Positionen im Raum durch Auswertung des Ausdrucks das magnetische Feld zu berechnen. Deswegen ist das Biot-Savart-Gesetz eine wichtige Grundlage zur Simulation von Magnetfeldern und wird auch in späteren Teilen der Arbeit wieder verwendet.

2.1.4 Eigenschaften einer langen Zylinderspule

In einigen Spezialfällen lassen sich für bestimmte Geometrien einfachere Ausdrücke aus dem Gesetz von Biot-Savart ableiten. Dies ist der Fall bei der langen Zylinderspule. Wickelt man einen Draht in mehreren Windungen um einen zylinderförmigen Kern erhält man eine Zylinderspule. Das entstehende Feld ist im Inneren weitgehend homogen und besitzt lediglich eine Komponente in Richtung der Zylinderachse. Wenn die Länge l der Spule deutlich größer ist als der Durchmesser des Zylinders, beschreibt

$$|\mathbf{H}| = \frac{IN}{l} \qquad (2.12)$$

die im Mittelteil konstante Feldstärke einer Spule mit N Wicklungen, die vom Strom I durchflossen wird [11, S.170]. Die Induktivität dieser Spule lässt sich in Näherung durch den Zusammenhang

$$L = \frac{\mu_0 N^2 r^2 \pi}{l} \qquad (2.13)$$

angeben [12, S.155]. Mit diesem Wert kann man mithilfe von Gleichung 2.5 die Eigenschaften der Spule in einem Stromkreis beschreiben.

2 Grundlagen

2.1.5 Induktionsgesetz

Ein weiteres Phänomen, das die Maxwellschen Gleichungen beschreiben, ist die elektromagnetische Induktion [9, S.32]. Die vierte Maxwellsche Gleichung, auch Induktionsgesetz genannt, lautet in der Differentialform

$$\operatorname{rot} \mathbf{E} = -\frac{\partial \mathbf{B}}{\partial t}. \qquad (2.14)$$

Sie sagt aus, dass eine zeitliche Änderung des magnetischen Flusses ein elektrisches Wirbelfeld erzeugt. Dabei ist es egal ob die zeitliche Änderung des Feldes in einem Punkt durch eine Veränderung der Feldstärke der Quelle oder durch eine Verschiebung des Punktes in einem inhomogenen Feld bewirkt wird. Durch das entstehende Wirbelfeld werden in leitfähigen Materialien Wirbelströme erzeugt, man sagt sie werden induziert. Diese Wirbelströme erzeugen nun wieder nach Gleichung 2.9 ein eigenes magnetisches Feld. Dieses Feld ist durch das negative Vorzeichen in Gleichung 2.14 dem ursprünglichen magnetischen Feld entgegengerichtet und schwächt es damit ab. Dieser Umstand ist auch als Lenzsche Regel bekannt.

Beim Spulendesign spielt das Induktionsgesetz insofern eine Rolle, dass durch Metallobjekte in der direkten Umgebung der Spule (z. B. als Abschirmung) mit dem eben beschriebenen Vorgang das Ursprungsfeld geschwächt wird. Damit ist eine größere Leistung für ein Feld mit derselben Stärke aufzuwenden. Dieser Effekt ist besonders stark, wenn der Abstand zwischen Spule und Abschirmung gering ist.

2.1.6 Skin-Effekt

In einem von Gleichstrom durchflossenen Leiter ist idealerweise die Stromdichteverteilung über den gesamten Querschnitt konstant. Dieser Umstand wurde auch in Gleichung 2.2 zur Berechnung des Widerstands eines Leiters indirekt vorausgesetzt. Im Falle des Wechselstroms ist dies allerdings nicht mehr gegeben. Im Bereich nicht allzu großer Frequenzen lässt sich das Verhalten von magnetischen Feldern durch die in Abschnitt 2.1.3 erwähnte quasistationäre Näherung durch Diffusionsgleichungen beschreiben. Das Feld, das durch einen Strom in einem Leiter im umgebenden Raum erzeugt wird, muss erst in das leitende Material eindringen (hinein diffundieren), da sich ein Feld nach diesen Gleichungen nicht instantan ausbreiten

2.1 Physikalische Grundlagen

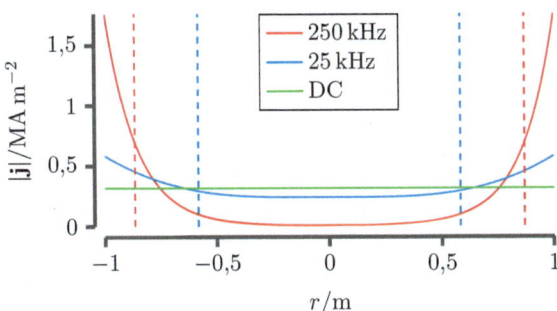

Abbildung 2.1: Stromdichte in einem runden Leiter mit Durchmesser von 2 mm und einem Strom von 1 A. Die senkrechten Linien markieren die Eindrigtiefe nach Gleichung 2.15. Die gezeigten Werte wurden mit FEMM berechnet (siehe Abschnitt 3.1).

kann. Dadurch ist erst nach einer gewissen Zeit das Feld im Inneren in seinem endgültigen Zustand angekommen. Ist nun die Dauer, die das Feld bis komplett in den Leiter hinein braucht, größer als die Periodendauer des Wechselstroms ist das Feld im Innenraum noch nicht angekommen, bevor es außen mit entgegengesetztem Vorzeichen wieder aufgebaut ist. Dadurch ist im äußeren Bereich das Feld und damit nach Gleichung 2.9 auch die Stromdichte größer. Wie stark diese Verschiebung des Stroms zur Oberfläche ist, hängt dabei von der Frequenz und den Materialeigenschaften des Leiters ab. Die Stromdichte ist in einer Tiefe von

$$d = \sqrt{\frac{2}{\mu \sigma \omega}} \tag{2.15}$$

auf $1/e$ abgesunken, man spricht dabei von der Eindringtiefe bei einer bestimmten Kreisfrequenz ω [9, S.386f.]. Außerdem ist die Eindringtiefe von der Permeabilität μ und der spezifischen Leitfähigkeit σ des Leitermaterials abhängig. Für Kupfer ergibt sich mit einer Frequenz von $\omega = 2\pi \cdot 25$ kHz, $\sigma = 58 \cdot 10^6$ S m^{-1} und $\mu \approx \mu_0$ eine Eindringtiefe von

$$d \approx 418\,\mu\text{m}. \tag{2.16}$$

Dadurch dass der Strom nur in einem kleineren Gebiet fließt, erhöht sich durch den Skin-Effekt der effektive Widerstand des Leiters, was zu größeren ohmschen Verlusten führt. Der Wechselstromwiderstand eines massiven Leiters ist dann ungefähr äquivalent zum Gleichstromwiderstand eines Hohlzylinders mit der Eindringtiefe als Wandstärke. Eine Möglichkeit diesen Effekt zu verringern bzw. zu verhindern ist es, Litzendraht zu verwenden. Durch viele einzelne Stränge, die voneinander isoliert sind und parallel vom Strom durchflossen werden, verringert sich der Durchmesser des einzelnen Drahtes stark und es kommt nicht mehr zu einer Widerstandserhöhung. Allerdings bringt das Verwenden von Litzendraht auch Probleme mit sich. So können einzelne Stränge leicht brechen, wodurch es wieder zu einer Erhöhung des Widerstandes kommt. Außerdem muss beim Anschließen darauf geachtet werden, dass eine leitende Verbindung zu jedem einzelnen Kabel hergestellt wird.

2.1.7 Proximity-Effekt

Ein weiterer Effekt, der die Stromdichteverteilung in einem Leiter beeinflusst, lässt sich beobachten, wenn zwei stromführende Kabel in die Nähe voneinander gebracht werden. Die gegenseitige Beeinflussung durch Induktion von Wirbelströmen bewirkt, dass der Strom hauptsächlich in den voneinander abgewandten Seiten fließt. Auch durch diesen Effekt erhöht sich der effektive Widerstand. Im Fall von zwei parallelen, direkt aneinander liegenden Kabeln mit gleicher Stromrichtung kann man eine Erhöhung um den Faktor $R_{AC}/R_{DC} \approx 1.34$ messen [13]. Vermieden werden kann der Effekt durch Erhöhung des Abstands der einzelnen Leiter zueinander und Vermeiden von mehrlagigen Wicklungen bei Spulen. Auch andere Wicklungstechniken für Spulen, die nahe parallele Leiter vermeiden, sind geeignet, um den Widerstandsanstieg zu umgehen [14].

2.1.8 Impedanzanpassung

Aus Abschnitt 2.1.2 geht hervor, dass bei einer hauptsächlich induktiven oder kapazitiven Last von einer Stromquelle eine hohe Blindleistung aufzubringen ist. Um dies zu verhindern ist es möglich, durch das Hinzufügen von Bauteilen die Reaktanz der Last so zu kompensieren, dass es für die Quelle so scheint, als sei nur eine rein reelle Last angeschlossen. Dies ist auch für den Einbau der Anregungsfeldspule in den Scanner relevant. Für eine gebaute Spule, die sich mit einer idealen Induktivität L_s und einem seriellen

2.1 Physikalische Grundlagen

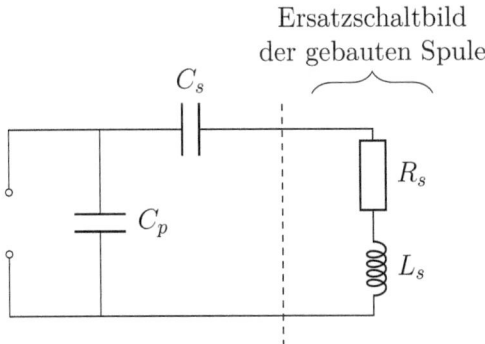

Abbildung 2.2: Möglicher Aufbau zur Impedanzanpassung einer gebauten Spule. Durch die beiden Kapazitäten wird die Reaktanz der Spule kompensiert, sodass die Quelle nur einen reellen Widerstand sieht.

Widerstand R_s darstellen lässt, kann man die Impedanzanpassung z. B. mit zwei Kapazitäten in der in Abbildung 2.2 gezeigten Anordnung realisieren [15, S.92ff.]. Dann lädt ein Großteil des für die Spule benötigten Stroms den Kondensator periodisch auf, der diese Energie in der zweiten Periodenhälfte wieder abgibt. Die Quelle wird dann nicht mehr belastet. Die Kapazität der Kondensatoren muss auf die Induktivität der Spule abgestimmt werden. Mit einem für die Quelle sichtbaren Ziel-Widerstand $R_L > R_s$ ergibt sich für die Größen der beiden Impedanzen

$$Z_{Cs} = \sqrt{R_s}\sqrt{R_L - R_s} - Z_{Ls} \qquad (2.17)$$
$$Z_{Cp} = -\sqrt{R_s}\frac{R_L}{\sqrt{R_L - R_s}}.$$

Damit lassen sich für eine bestimmte Frequenz mithilfe von Gleichung 2.5 die benötigten Bauteilparameter ermitteln. Die Parameter der gebauten Spule lassen sich mit den entsprechenden Messgeräten bestimmen (siehe Abschnitt 4.2)

2 Grundlagen

2.2 Magnetic Particle Imaging

Magnetic Particle Imaging ist eine neuartige Bildgebungstechnik, die mit hohem Kontrast die Verteilung von superparamagnetischen Eisenoxidnanopartikeln in einem Volumen, zum Beispiel im Körper eines Patienten, detektieren kann. Dabei werden lediglich magnetische Felder zur Bildgebung verwendet, es tritt also keine Belastung durch ionisierende Strahlung auf. Zuerst soll die Funktionsweise allgemein erläutert werden und dann auf die für diese Arbeit relevante spezielle Bildgebungstechnik mithilfe einer feldfreien Linie eingegangen werden.

2.2.1 Funktionsweise

Wie bereits erwähnt kann MPI die Verteilung von Eisenoxidnanopartikeln (engl. superparamagnetic iron oxide nanoparticles, kurz SPIONs) darstellen. Der Durchmesser dieser Nanopartikel beträgt lediglich 20 bis 40 nm, wodurch die Partikel nur noch eine magnetische Domäne aufweisen [16][17]. Das bewirkt, dass die Magnetisierungskurve keine Hysterese mehr besitzt. Das bedeutet, dass keine Magnetisierung nach Abschalten des äußeren Feldes mehr verbleibt, wie es bei größeren ferromagnetischen Teilchen der Fall wäre. Im Idealfall hat die Magnetisierungskurve einen stufenförmigen Verlauf mit einem steilen Anstieg bis zu einer möglichst starken Sättigungsmagnetisierung M_{sat} bei möglichst kleiner Feldstärke $|\mathbf{H}| = H_{\text{sat}}$. Die Kurve ist in Abbildung 2.3 oben links zu sehen. In der Praxis werden entweder der etablierte MRT-Tracer Resovist oder speziell für MPI synthetisierte Partikel eingesetzt, für die die Magnetisierung mit der Langevin-Theorie des Superparamagnetismus modelliert werden kann. Nach diesem Modell kann der Zusammenhang zwischen Magnetisierung $\mathbf{M}$ der Partikel und Feldstärke $\mathbf{H}$ mit

$$\mathbf{M}(\mathbf{H}) = m\rho \mathcal{L}(k\mathbf{H}) \quad \text{mit } k = \frac{\mu_0 m}{k_B T} \qquad (2.18)$$
$$= m\rho \left(\coth(k\mathbf{H}) - \frac{1}{k\mathbf{H}} \right)$$

beschrieben werden, wobei m das magnetische Moment eines Teilchens, μ_0 die Permeabilität des Vakuums, k_B die Boltzmann Konstante und T die absolute Temperatur ist [18].

Um nun ein Signal zu erzeugen, wird die ganze Probe einem homogenen Magnetfeld mit einer Frequenz von typischerweise $f_0 = 25$ kHz ausgesetzt. Dabei sind verschiedene zeitliche Verläufe des Feldes denkbar, aufgrund der technischen Realisierbarkeit werden meistens sinusförmige Signale der Form $|\mathbf{H}| = H_0 \sin(2\pi f_0)$ verwendet. Dieses Feld wird als Anregungsfeld (engl. drive-field) bezeichnet. Durch die Änderung der magnetischen Feldstärke an jedem Punkt ändert sich auch die Magnetisierung der Nanopartikel. Diese Änderung der Magnetisierung folgt einem Verlauf, der je nach Partikelbeschaffenheit eher einer Rechteckfunktion als einem reinen Sinus mit der Anregungsfrequenz f_0 ähnelt (siehe Abbildung 2.3 Teil (a)). Um dieses Signal aufzunehmen, bringt man Empfangsspulen in die Nähe der Probe, die die Änderung in der magnetischen Flussdichte $\mathbf{B} = \mu_0(\mathbf{H} + \mathbf{M})$ nach dem Induktionsgesetz (siehe Abschnitt 2.1.5) durch eine messbare Spannung wiedergeben.

Dabei kommt es allerdings auch zu einer direkten Kopplung des Eingangssignals in die Empfangsspule. Trotz seiner im Vergleich zur Anregungsfeldstärke geringen Amplitude kann man das Partikelsignal vom Anregungssignal trennen, da es im Frequenzraum Anteile der Harmonischen der Anregungsfrequenz enthält. Es bedarf lediglich einer Filterung, die die Anteile bei der Grundfrequenz f_0 auslöscht. Da allerdings auch das Partikelsignal Informationen in diesem Frequenzbereich enthält, muss diese verlorene Information bei der Rekonstruktion extra betrachtet werden [19].

Mit einem solchen Aufbau ist es noch nicht möglich eine Ortsauflösung zu realisieren. Diese erreicht man durch Superposition eines sogenannten Selektionsfeldes. Wie man in Teil (b) von Abbildung 2.3 erkennt, ist die Erzeugung des Signals unterdrückt, wenn der DC-Offset des Anregungssignals so hoch ist, dass das Teilchen ständig in Sättigung ist ($|\mathbf{H}| > H_{\text{sat}}$). Wenn man nun ein Selektionsfeld so entwirft, dass fast alle Partikel in Sättigung sind und nur in einem beschränkten Bereich ein Signal generiert wird, kann man Rückschlüsse auf den Ursprung des Signals ziehen. In der Praxis wird dies meist mit einem Gradientenfeld realisiert, das an einer Stelle einen feldfreien Punkt (FFP) besitzt und in alle Raumrichtungen mit dem Gradienten G ansteigt. Es besteht aber auch die Möglichkeit den feldfreien Bereich in Form einer Linie zu gestalten, was gewisse Vorteile bringen kann (siehe Abschnitt 2.2.3).

Um nun ein komplettes Volumen aufzunehmen, könnte man den FFP an jede Pixelposition im zu betrachtenden Gebiet (engl. field

2 Grundlagen

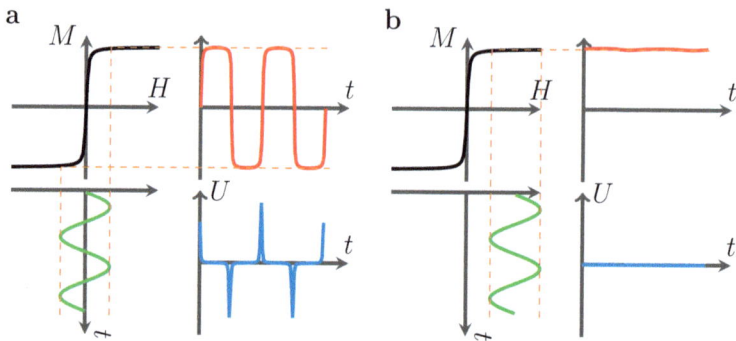

Abbildung 2.3: Erzeugung des Signals bei MPI. Die Anregung erfolgt mit dem grünen Sinussignal, die Antwort der Partikel ist in Rot dargestellt. In Blau ist die in der Empfangsspule messbare Spannung nach Entfernen der direkten Kopplung gezeigt. Rechts befinden sich die Partikel ständig in Sättigung, sodass kein Signal generiert wird. Nach: Gleich und Weizenecker [1].

of view, FOV) bewegen und dort eine Anregung durchführen. Dies ist aber sehr ineffektiv, da der Vorgang sehr lange dauern würde. Stattdessen lässt man den FFP einfach mit der Anregungsfrequenz über das FOV scannen, wodurch der die Partikel überstreichende FFP gleichzeitig die Funktion der Anregung übernimmt. Mit welcher Trajektorie ein Volumen am effektivsten erfasst werden kann ist Bestandteil weiterer Forschung [20].

Zur Bildrekonstruktion gibt es aktuell zwei Ansätze. Zum einen ist es möglich für jede Pixelposition eine Punktantwort im Frequenzraum aufzuzeichnen und diese in der sogenannten Systemmatrix zu speichern. Diese Matrix muss dann zur Rekonstruktion bestmöglich invertiert werden, was neben der sehr zeitaufwendigen Messung einen weiteren Zusatzaufwand darstellt [1]. Eine andere Möglichkeit ist es, durch bestimmte Annahmen zu Partikeleigenschaften und Scannerhomogenität das bildgebende System auf ein LTI-System zu reduzieren, das mit einer einfachen Punktspreizfunktion beschrieben werden kann. Mit diesem Ansatz lassen sich sehr effiziente Rekonstruktionen durchführen, die aber nicht in jedem Fall alle Aspekte des Systems berücksichtigen können [19]. Dieser Ansatz wird als x-Space Theorie bezeichnet, da hier ein Scanvorgang über das FOV angenommen wird und keine Rekonstruktion über den Frequenzraum erfolgt.

2.2.2 Räumliche Auflösung

Wie bei jedem bildgebenden System ist auch bei MPI die Auflösung ein wichtiges Maß für die Qualität der generierten Bilder. Unabhängig von Auflösungskriterien sei hier ein Überblick über die Eigenschaften eines MPI-Systems gegeben, die einen Einfluss auf die Auflösung haben. Nach der Herleitung in Rahmer et al. [21] lässt sich angeben, dass die kleinste auflösbare Distanz Δx sich folgendermaßen verhält:

$$\Delta x \propto \frac{T}{Gd^3 M_{\text{sat}}} \tag{2.19}$$

Zum einen verbessert eine größere Gradientenstärke G des Selektionsfeldes die Auflösung. Je steiler das Gradientenfeld zur Sättigungsfeldstärke ansteigt, desto kleiner ist der Bereich in dem Partikel (wenn auch nur teilweise) zur Signalerzeugung beitragen. Typische Gradientenstärken bewegen sich im Bereich von 1 bis $7\,\text{T}\,\text{m}^{-1}$ [22], wobei höhere Werte mit einem größeren Leistungsverlust verbunden sind, da dann auch eine größere Feldstärke benötigt wird, um den FFP über das gesamte FOV zu bewegen.

Zusätzlich lässt sich in Gleichung 2.19 erkennen, dass die Auflösung kubisch mit dem Durchmesser der Partikel ansteigt. Dies liegt daran, dass bei einem größeren magnetischen Volumen die zur Sättigung benötigte Feldstärke geringer ist [19]. Die Größe der SPIONs lässt sich allerdings nicht beliebig vergrößern, da sonst die superparamagnetischen Eigenschaften nicht mehr gegeben sind. Bei den Partikeln ist es außerdem wünschenswert, dass eine hohe Magnetisierung in Sättigung erreicht wird, da dann das ausgesendete Signal ein größere Amplitude hat, was eine Verbesserung des Signal-Rausch-Verhältnis (engl. SNR) bewirkt. Mit einem höheren SNR kann eine bessere Auflösung erreicht werden. Des Weiteren erhöht auch eine geringere Temperatur das Auflösungsvermögen von MPI. Da die Temperatur aber zumindest bei Anwendungen am Menschen keinen großen Spielraum zulässt, ist dies lediglich bei histologischen Untersuchungen bei sehr geringen Temperaturen relevant.

Für einen x-Space Scanner mit einer Gradientenstärke von $7\,\text{T}\,\text{m}^{-1}$ und speziell angefertigten Partikeln konnte in Ferguson et al. eine

Auflösung von 1,7 mm erreicht werden [23]. Der Wert liegt über dem theoretisch erreichbarem Wert von 0,9 mm, der sich für diese Konfiguration nach der in Goodwill und Conolly [18] hergeleiteten Formel ergibt.

2.2.3 Die feldfreie Linie

Anstatt das Selektionsfeld so zu bauen, dass es nur einen eindeutigen feldfreien Punkt besitzt, gibt es auch die Möglichkeit eine feldfreie Linie (FFL) zu verwenden [3]. Dabei ist das Selektionsfeld in einem linienförmigen Bereich kleiner als H_{sat}, wodurch nun alle Partikel, die auf dieser Linie liegen, zum Signal beitragen. Dies bewirkt, dass nun anstelle von Punktinformationen Projektionen entlang der FFL aufgenommen werden. Um ein gesamtes Volumen aufzunehmen, gibt es im Wesentlichen zwei Möglichkeiten: entweder wird die FFL in einer Ebene liegend rotiert und translatiert, wodurch für jeden Winkel eine Projektion aufgenommen wird (siehe Abbildung 2.4). Mit diesen Informationen lässt sich dann mithilfe von Rekonstruktionsalgorithmen aus der Computertomographie eine inverse Radontransformation durchführen, sodass am Ende ein Schnittbild rekonstruiert werden kann [5]. Die Rotation kann entweder mechanisch oder elektronisch durchgeführt werden. Die zweite Möglichkeit wäre die feldfreie Linie wie einen FFP über ein Volumen zu steuern und damit lediglich die Dimension der Informationen während der Aufnahme um eins zu reduzieren. Damit ergibt sich ein klassisches Projektionsbild, wie es aus der Röntgendiagnostik bekannt ist [4]. Dieses Prinzip ist besonders für die schnelle Echtzeitbildgebung interessant, da die Scandauer durch Wegfallen einer Dimension drastisch verkürzt werden kann, wenn die Anwendung keine expliziten 3D-Daten benötigt.

Ein weiterer großer Vorteil bei MPI mit einer feldfreien Linie ist die erhöhte Sensitivität, die sich auch in einem erhöhten SNR widerspiegelt [3]. Dadurch dass stets mehr Partikel auf einmal am in der Empfangsspule zu messenden Signal beteiligt sind, können auch kleinere Mengen detektiert werden ohne im Rauschhintergrund zu verschwinden.

Bei einem FFL System ist die Homogenität der eingesetzten Felder besonders wichtig. Ist am Rand des Selektionsfeldes die feldfreie Linie nicht ideal feldfrei, sondern weist noch eine gewisse Restfeldstärke auf, kommt es am Rand der FFL zu einem geringeren Signal

2.2 Magnetic Particle Imaging

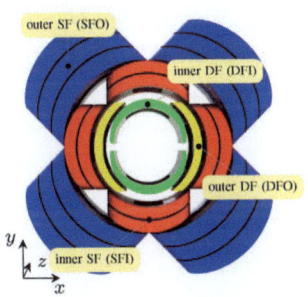 

Abbildung 2.4: Magnetaufbau zur Generierung einer elektronisch rotierbaren FFL. Der äußere Spulenring generiert das Selektionsfeld mit der FFL, im Inneren befinden sich die Spulen zur Erzeugung des Anregungsfeldes Aus: Bente et al. [5].

(engl. signal fading) und damit zu Auflösungsverlust in diesen Randbereichen [4]. Auch ist es beim Feld, das die Verschiebung der FFL und damit die Anregung übernimmt, besonders wichtig, dass eine im gesamten FOV homogene Anregung erfolgt, da es ansonsten zu einer ungewollten Krümmung der feldfreien Linie kommt. Durch diese Krümmung kommt es im rekonstruierten Bild zu Artefakten, da dort durch die Radontransformation von Projektionen entlang einer Geraden ausgegangen wird. Da in dieser Arbeit eben diese Anregungsfeldspule weiterentwickelt werden soll, ist die Homogenität des erzeugten Feldes ein wichtiges Kriterium.

2.2.4 Potentielle Anwendungen

Durch seine guten Eigenschaften in Bereich Sensitivität und Aufnahmegeschwindigkeit ist Magnetic Particle Imaging potentiell vielseitig einsetzbar. Als großes Einsatzgebiet bietet sich die kardio-vaskuläre Diagnostik an. Da die Nanopartikel mit entsprechenden Hüllen für den Menschen gut verträglich sind und nach einer gewissen Zeit wieder ausgeschieden werden, ist es möglich, diese als Kontrastmittel direkt in die Blutbahn zu injizieren. Dadurch, dass auch kleine Konzentrationen von Partikeln mit MPI dargestellt werden können, lassen sich gute Ergebnisse in der Gefäßangiographie auch in Echtzeit erreichen [2]. Eine weitere Idee ist es, die SPIONs als Marker für die zelluläre Bildgebung zu verwenden. Mit den entsprechenden

2 Grundlagen

Techniken wäre es möglich einzelne Moleküle mit den Nanopartikeln zu markieren und so auch kleine Mengen des Moleküls im Körper zu verfolgen. Dies verspricht Anwendungen sowohl in der Stammzellforschung, als auch im Bereich der Erforschung vom Lebenslauf der roten Blutkörperchen.

Material und Methoden

In diesem Kapitel soll zuerst die zur Berechnung verwendete Simulationsumgebung und die verschiedenen Programme vorgestellt werden. Im Anschluss werden Bewertungsparameter zur besseren Vergleichbarkeit der Simulationsergebnisse eingeführt. Danach folgt ein Überblick über den FFL-Scanner, für den die zu konstruierende Spule bestimmt ist, um die Rahmenbedingungen für das Spulendesign festzulegen. Außerdem werden verschiedene Möglichkeiten für alternative Spulengeometrien vorgestellt und auf die Konstruktion der verschiedenen Spulen eingegangen.

3.1 Simulationsumgebung

Der Großteil der Simulation wurde aus MATLAB (The MathWorks Inc., Natick, USA) heraus angesteuert, bzw. direkt in MATLAB durchgeführt. Als erstes wurde auf der Grundlage des Biot-Savart-Gesetzes (siehe Gleichung 2.11) ein Skript in MATLAB implementiert, das für einen erstellten Leiterpfad das magnetische Feld in einem Zielbereich mit frei wählbarer Diskretisierung berechnen kann. Der Leiterpfad besteht dabei nur aus einzelnen Punkten, die in der Simulation für die Richtung des Stroms verwendet werden, ohne dabei Rücksicht auf eine eventuelle Ausdehnung des Leiters zu nehmen. Die Berechnung beschränkt sich bisher nur auf den Gleichstromfall. Um die Berechnungszeit zu verkürzen, wurde diese Simulation in Hinblick auf die Geschwindigkeit in mehreren Schritten verbessert. Die verschiedenen unternommenen Schritte und die erreichten Laufzeiten sind in Tabelle 3.1 dargestellt. Da MATLAB für Array-Operationen optimiert ist, konnte eine signifikante Beschleunigung mit dem Ersetzen einer for-Schleife durch entsprechende Matrixoperationen erreicht werden. Die Berechnungen wurden auf einer CPU mit vier Kernen, die mit jeweils 3 GHz getaktet waren, durchgeführt.

Tabelle 3.1: Benötigte Laufzeit der Matlab-Simulation einer 50 mm Zylinderspule mit 50 Wicklungen für ein FOV von 51×51×51 Pixeln und einer Leiterdiskretisierung von 90 Punkten pro Wicklung.

Version	Laufzeit
Direkte Implementierung	58 min
Ersetzen der inneren Schleife durch Array-Operationen	86 s
Zusätzlich Parallelisierung der äußeren Schleife	41 s

Als weiteres Programm wurde ScannerConf für die Berechnung der Magnetfelder von Zylinderspulen verwendet. ScannerConf ist im Rahmen der MPI-Simulationsumgebung am Institut für Medizintechnik der Universität zu Lübeck entstanden und verwendet ebenfalls das Biot-Savart-Gesetz als Grundlage für die Berechnung. Hier ist es möglich, Spulen mit kreis- oder polygonförmigen Querschnitten zu simulieren und den Verlauf des Feldes zu berechnen. Obwohl theoretisch auch der Wechselstromfall implementiert ist, wurde er in dieser Arbeit nicht verwendet, da es in der verwendeten Version noch zu einigen Fehlern und Abstürzen kommt. Zusätzlich ist nicht klar, ob Wechselwirkungen zwischen den Materialien untereinander, z. B. durch Induktion von Wirbelströmen, berücksichtigt wurden. In ScannerConf ist es möglich ganze MPI-Scanner aufzubauen und ideale Feldkomponenten und Partikel zur Simulation hinzuzufügen. Dieses weiterführende Feature wurde in dieser Arbeit allerdings nicht verwendet. Weitere Informationen über die elektrischen Eigenschaften der Spulen lassen sich nicht ausgeben.

Zur Berechnung von Widerstand und Induktivität von beliebigen Leitergeometrien eignet sich FastHenry2 [24]. Hierbei wird der Leiter durch quaderförmige Blöcke diskretisiert, deren Koordinaten man als

3.1 Simulationsumgebung

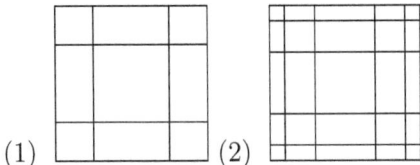

Abbildung 3.1: Diskretisierung bei FastHenry: (1) Verwendete Diskretisierung mit 3 Blöcken in jede Richtung, Skin-Effekt kann bedingt berücksichtigt werden (2) mögliche höhere Diskretisierung, würde insbesondere bei höheren Frequenzen genauere Ergebnisse liefern.

Knoten- und Kantenliste übergibt. Dafür konnten die gleichen Funktionen zur Spulenerstellung, wie bei der ersten MATLAB-Simulation, verwendet werden. Da alle Leiterblöcke intern noch zusätzlich diskretisiert sind, ist es möglich, den Einfluss des Skin-Effekts (siehe Abschnitt 2.1.6) in die Berechnung mit einzubeziehen. Für alle Berechnungen von Zylinderspulen wurde die Diskretisierung mit je drei Blöcken in Breite und Höhe so gewählt, dass eine Unterscheidung zwischen dem inneren und äußeren Bereich des Leiters ungefähr möglich ist. Die verwendeten Diskretisierungen sind in Abbildung 3.1 skizziert. Damit können bei 25 kHz mit vertretbarer Rechendauer Ergebnisse, die hinreichend genau sind, erreicht werden.

Mit noch größerer Diskretisierung steigt der Rechenaufwand stark an. Sehr lange Leiter aus vielen Segmenten führen dabei zum Absturz der Software, da die zu berechnenden Datenmengen zu groß werden. Dies ist besonders bei der Simulation der Zylinderspulen hinderlich, da hier viele einzelne Segmente gesetzt werden müssen, um den Kreisbogen gut zu approximieren. Deshalb ist der von FastHenry mit geringer Diskretisierung berechnete Widerstand meist nur bedingt aussagekräftig, die Induktivität stimmt aber gut mit anderen Simulationen überein. Ein weiteres Problem ist, dass man nur quaderförmige Leiter verwenden kann. Bei der Simulation wurden deshalb runde Kabel durch das von der Querschnittsfläche her äquivalente quadratische Gegenstück ersetzt, was auch eine gewisse Ungenauigkeit mit sich bringt. Mit FastHenry ist es nicht möglich, Aussagen über das erzeugte Feld zu treffen.

FEMM (Finite Element Method Magnetics) ist ein von D. Meeker implementiertes Simulationsprogramm, mit dem man verschiedene Probleme aus den Bereichen Magnetismus, Elektrostatik und

Tabelle 3.2: Überblick über die Eigenschaften der verschiedenen Simulationsumgebungen.

	MATLAB	ScannerConf	FEMM	FastHenry
Feldberechnung	ja	ja	ja	nein
Induktivität & Widerstand	nein	nein	ja	ja
Leitergeometrie	frei	def. Spulen	rotationssym.	frei
Frequenzbereich	nur DC	DC(+AC)	DC+AC	DC+AC
Ansteuerung	MATLAB	MATLAB/GUI	MATLAB/GUI	MATLAB
Berechnungsgrundlage	Biot–Savart	Biot–Savart	Finite Elemente	Finite El.
Abschirmung möglich	nein	unklar	ja	nein
Betrachtung Skin-Effekt	nein	nein	ja	ja
Dicke des Leiters	keine Dicke	variabel	variabel	quaderförmig

Wärmeleitung lösen kann [25]. Die Berechnung setzt entweder ein planares Problem mit unendlicher Ausdehnung in die dritte Dimension oder eine rotationssymmetrische Anordnung um eine Achse voraus. Der Aufbau einer Geometrie erfolgt durch Definieren von Blöcken bzw. Gebieten mit bestimmten Materialeigenschaften und anschließendem verknüpfen mit eventuellen Stromkreisen. Anschließend wird dann automatisch ein Netz aus Dreiecken, ein sogenanntes Mesh, generiert, auf dessen Eckpunkten die Ausgabegrößen berechnet werden. Durch die Diskretisierung des Raumes in diese finiten Elemente kann das komplexe System der Maxwellschen Differentialgleichungen numerisch gelöst werden.

Obwohl es bei FEMM die Möglichkeit gibt, einem Block mehrere Windungen eines Stromkreises zuzuweisen und dieser dann intern mit einzelnen Leitern modelliert wird [26], wurde bei der Simulation mit FEMM jedes Kabel als einzelnes rundes Gebiet aufgebaut. Damit ist die Kontrolle über die genaue Kabelplatzierung insbesondere bei anderen Geometrien höher und es ist möglich, die Stromdichteverteilung in jedem Leiter einzeln zu betrachten. Die Dichte des Dreiecksnetzes sollte besonders in den für das Ergebnis relevanten Bereichen (z. B. Mitte des FOV) hoch sein, damit keine Interpolationserscheinungen beim Exportieren auftreten. Die Dichte des Meshs lässt sich für einzelne Bereiche getrennt einstellen, sodass der Rechenaufwand nur für die relevanten Bereiche groß ist.

Zusätzlich zu den Informationen über das Feld kann FEMM zu den definierten Stromkreisen umfangreiche Informationen über Spannung, Widerstand, Induktivität und Leistung berechnen. Auch ist keine Einschränkung des betrachtbaren Frequenzbereichs gegeben.

3.1 Simulationsumgebung

Vergleich der Programme

Zur Evaluation der selbst erstellten MATLAB-Simulation und Vergleich der verschiedenen Berechnungsansätze wurde die gleiche Spulengeometrie in drei Simulationsprogrammen simuliert und das berechnete Feld verglichen. Es wurde dafür eine Zylinderspule mit 50 direkt aneinander liegenden Wicklungen aus 1 mm dickem Kabel gewählt. Der Innenradius der Spule beträgt dabei 25 mm, sodass der Mittelpunkt des Leiters bei 25,5 mm liegt. Bei der MATLAB-Simulation spielt dies eine Rolle, da dort nur ein linienförmiger Leiter vorausgesetzt wird, der für möglichst genaue Ergebnisse im Mittelpunkt des ausgedehnten Leiters liegen soll. Die Achse des Zylinders ist auf der z-Achse ausgerichtet und im Ursprung zentriert. Zum Vergleich wurden ein Teil der xz-Ebene und ein kreisrunder Ausschnitt der xy-Ebene aus dem mittleren Bereich des Feldes extrahiert und in Abbildung 3.2 dargestellt. Da die Berechnung der genauen Werte bei FEMM an den Eckpunkten eines Dreiecksgitters durchgeführt wird, müssen bei der Extraktion in ein kartesisches Koordinatensystem manche Werte durch Interpolation bestimmt werden. Dadurch kann es, besonders in der Weiterverarbeitung zu ungewollten Effekten kommen. In diesem Fall ist die Diskretisierung allerdings hoch genug gewählt, dass diese Effekte nicht auftreten. Zusätzlich muss bei FEMM die xy-Ebene für jeden Winkel mit den gleichen Werten gefüllt werden, da in der Berechnung von einer Rotationssymmetrie ausgegangen wird. Auch wurde nur eine Hälfte der xz-Ebene berechnet und auf die andere Hälfte gespiegelt. Der die Spule durchfließende Gleichstrom wurde mit 22,75 A so gewählt, dass bei der MATLAB-Simulation im Mittelpunkt genau eine Feldstärke von $20\,\text{mT}/\mu_0$ erreicht wird. Die Diskretisierung wurde mit 201×201 Punkten so fein gewählt, dass eine genaue Betrachtung möglich ist.

Zum Vergleich der Ansätze ist in Abbildung 3.3 der relative Fehler zwischen den Modellen dargestellt. Zur Berechnung des relativen Fehlers wurde für jeden Bildpunkt der absolute Fehler auf den Mittelwert der beiden Felder in diesem Punkt bezogen, um die Wahl eines der beiden Bilder als Referenz zu vermeiden. Damit ergibt sich der relative Fehler δ_x zwischen den Werten x und y als

$$\delta_x = \frac{2|x-y|}{x+y}. \tag{3.1}$$

Tabelle 3.3: Übersicht über den RMSE nach Gleichung 3.2 zwischen den verschiedenen Methoden.

		RMSE (xz)	RMSE (xy)
MATLAB	ScannerConf	$3{,}66 \cdot 10^{-5}$	$0{,}54 \cdot 10^{-5}$
MATLAB	FEMM	$3{,}87 \cdot 10^{-5}$	$1{,}31 \cdot 10^{-5}$
ScannerConf	FEMM	$4{,}86 \cdot 10^{-5}$	$1{,}52 \cdot 10^{-5}$

Da der relative Fehler ein Verhältnis ausdrückt, hat er keine Einheit und kann beispielsweise in Prozent angegeben werden. Um eine Aussage über die Gesamtqualität der Ergebnisse treffen zu können wurde zusätzlich die Wurzel der mittleren Fehlerquadrate (engl. root-mean-square error, kurz RMSE) für jede Kombination berechnet (siehe Tabelle 3.3). Der RMSE beschreibt die Standardabweichung des Fehlers zwischen den beiden Modellen. Da der Erwartungswert für den Fehler gleich null ist, ergibt sich der RMSE für zwei Wertereihen x und y mit jeweils N Werten als

$$\text{RMSE} = \sqrt{\frac{\sum_{i=1}^{N}(x_i - y_i)^2}{N}}. \qquad (3.2)$$

In Abbildung 3.3 ist der relative Fehler nach Gleichung 3.1 dargestellt. Man sieht, dass in der xz-Ebene der Fehler besonders in den Außenbereichen der Spule groß ist. Dies liegt wahrscheinlich daran, dass in der MATLAB-Simulation der Strompfad am Ende plötzlich aufhört und der Strom und damit die fließenden Ladungen einfach verschwinden, was physikalisch nicht korrekt ist. Bei FEMM und ScannerConf ist jede Wicklung als einzelne in sich geschlossene Leiterschleife mit eingeprägten Strom implementiert und nicht als kontinuierlicher Verlauf eines einzigen Kabels, wie in MATLAB. Dadurch kommt es in genau diesem Randbereich zu veränderten Ergebnissen. Aus diesem Grund sieht man auch, dass bei den Ergebnissen in Tabelle 3.3 die Abweichung in der xy-Ebene durchgehend kleiner ist als in der xz-Ebene. Die xy-Ebene liegt weiter in der Mitte der Spule und ist damit weniger vom beschriebenen Problem betroffen.

Außerdem lässt sich beobachten, dass der Fehler zwischen den beiden auf dem Gesetz von Biot-Savart basierenden Verfahren allgemein geringer ist als zwischen den sich in der Berechnung unterscheidenden Programmen wie FEMM und ScannerConf. Insgesamt lässt

3.1 Simulationsumgebung

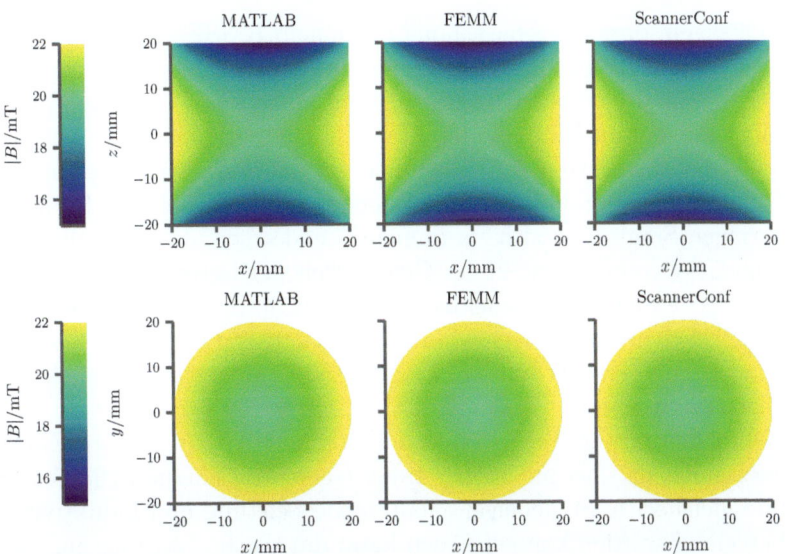

Abbildung 3.2: Vergleich der verschiedenen Simulationen, es lassen sich keine großen Unterschiede im Feld erkennen. Die Programme stimmen also gut überein.

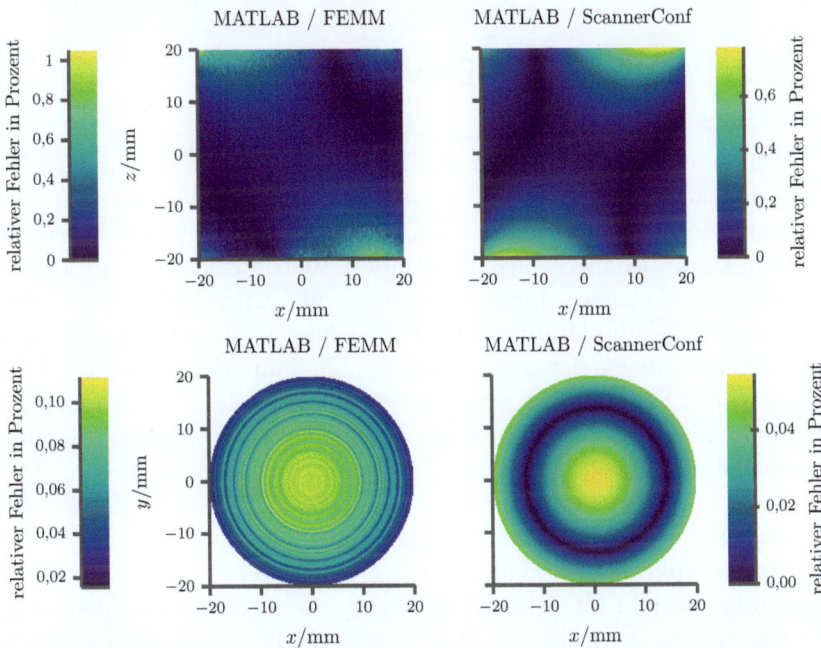

Abbildung 3.3: Relativer Fehler zwischen den verschiedenen Berechnungen (siehe Gleichung 3.1).

3 Material und Methoden

sich sagen, dass die Abweichung mit einem RMSE von weniger als $5 \cdot 10^{-5}$ auf die gesamte Fläche bezogen sehr gering ist. Ebenso ist der maximale, nur vereinzelt am Rand auftretende, relative Fehler mit rund 1% im Rahmen der Abweichungen, die bei einer Anfertigung des simulierten Aufbaus auftreten würden. Der Fehler in der für die Bildgebung relevante xy-Ebene ist mit weniger als 0,1% noch geringer. Somit lässt sich zusammenfassend sagen, dass sich alle drei Simulationsprogramme in der Genauigkeit der Berechnung für unsere Zwecke nicht unterscheiden. Die Auswahl des Programms liegt daher eher an den verschiedenen Funktionen, die für die spezielle Anwendung benötigt werden. Eine Übersicht über die verschiedenen Eigenschaften der Programme ist in Tabelle 3.2 gegeben.

Für den Großteil der Simulationen dieser Arbeit wurde FEMM verwendet, da dort mit relativ freier Geometrie magnetische Felder und gleichzeitig Spuleneigenschaften wie Leistung und Induktivität berechnet werden können. Auch kann die Wechselwirkung mit anderen Materialien, die nicht mit einer Stromquelle verbunden sind, wie z. B. Abschirmungen, simuliert werden, was für eine Leistungsoptimierung notwendig ist.

3.2 Parameter zur Bewertung

Damit es möglich ist, verschiedene Felder in Bezug auf ihre Eigenschaften wie Homogenität zu vergleichen, müssen einige Vereinbarungen getroffen werden. Da ein Feld nicht komplett homogen sein kann, bedarf es einer Konvention, welche Feldstärke als idealer Wert für die weitere Betrachtung verwendet wird. Die Annahme das Anregungs- und Gradientenfeld sei homogen ist eine der wichtigen Voraussetzungen der x-Space Theorie, da dann die Position der FFL bzw. des FFPs immer nur vom zeitlichen Verlauf des Anregungsfeldes abhängt. Und so der angenommene Scanprozess tatsächlich stattfindet. Trifft man diese Voraussetzung auch in diesem Fall, bedarf es keiner Anpassung der Rekonstruktion aus der zweidimensionalen x-Space Theorie [5]. Es ist für die Position der FFL in der Rekonstruktion entscheidend, wie stark die Verschiebung durch das Anregungsfeld tatsächlich war, bzw. welche Feldstärke idealisiert angenommen wurde. Die Position der FFL ergibt sich bei Gradientenstärke G und Anregungsfeldstärke B einfach als $x = -B/G$. Würde man diese für jeden Punkt einzeln berechnen, erhält man

3.2 Parameter zur Bewertung

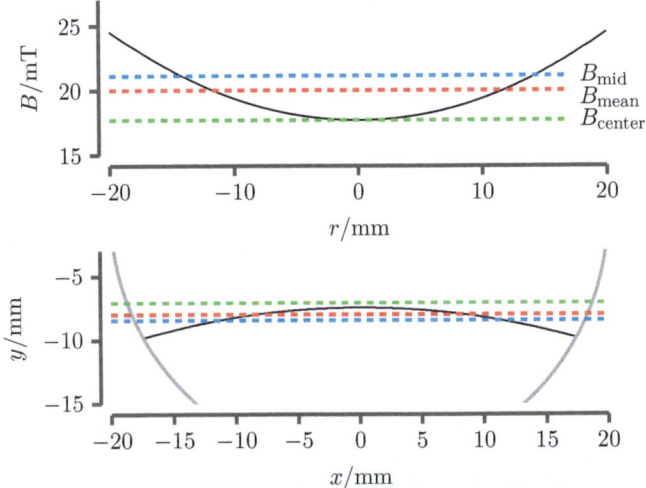

Abbildung 3.4: Unterschiede der Definitionen der Referenzfeldstärke am Beispiel eines sehr inhomogenen Feldes, links ist die Feldstärke des Anregungsfeldes im Querschnitt gezeigt, rechts ein Ausschnitt des FOV (grauer Kreis) mit der resultierenden FFL-Krümmung bei einer Gradientenstärke von $2{,}5\,\text{T}\,\text{m}^{-1}$. Markiert sind die ideal angenommenen Positionen mit den verschiedenen Definitionen.

bei einem inhomogenen Feld eine Kurve wie in Abbildung 3.4 unten in schwarz dargestellt. Mit einer Referenzfeldstärke würde man die FFL auf eine gerade Linie approximieren. Für die Definition dieser Referenzfeldstärke gibt es im Wesentlichen drei Möglichkeiten.

Als erstes könnte man einfach den Mittelpunkt des FOV als Bezugspunkt definieren und die Feldstärke, die in diesem Punkt vorliegt, als Referenz verwenden. Dies hat den Vorteil, dass es einen zentralen Punkt gibt (nämlich den Mittelpunkt), für den die Rekonstruktion immer die tatsächlich richtige Position der FFL verwendet. Steigt das Feld vom Mittelpunkt zu den Seiten an, wie es bei einer kürzeren Zylinderspule der Fall ist, ist am Rand des FOV die FFL stärker ausgelenkt als in der Mitte. Dies führt zu einer tatsächlichen Position der FFL die nur im Mittelpunkt mit der Theorie übereinstimmt und zu einer Seite hin gekrümmt ist.

Um den mittleren Fehler der Abweichung von der theoretischen FFL zu minimieren, könnte man die theoretische Position in der Mitte des Bereiches definieren, in dem die gekrümmte FFL liegt. Die erste Möglichkeit ist hierbei den Mittelwert des magnetischen Feldes im Bereich des FOVs zu verwenden, um eine Referenzfeldstärke zu definieren. Dies bewirkt, dass die Abweichung zur idealen FFL im Mittel überall kleiner ist und somit der gesamte Fehler minimiert wird. Mit der anderen Variante sorgt man dafür, das die maximale Abweichung in eine Richtung genau so groß ist wie die Abweichung in die andere Richtung. Dafür definiert man die Feldstärke des Anregungsfeldes genau auf den Wert der in der Mitte zwischen dem Maximum und dem Minimum der tatsächlichen Feldstärke liegt. Dies hat den Vorteil, dass die maximalen Abweichungen symmetrisch um die ideale Position liegen, wobei aber der Fehler insgesamt leicht größer ist als bei der Mittelwertdefinition. Die verschiedenen Feldstärkendefinitionen sind in Abbildung 3.4 noch einmal zur Übersicht dargestellt.

Da die magnetische Feldstärke nicht schlagartig in extreme Bereiche ansteigt oder abfällt, unterscheiden sich die Definitionen mit der Mittelwertfeldstärke und der Feldstärke in der Mitte der Spanne im Allgemeinen wenig. Auch wird der Unterschied der Definitionen bei sehr homogenen Felder immer geringer. Zur Vereinheitlichung wird deshalb im Weiteren, wenn nicht anders erwähnt, immer der Mittelwert des Feldes als Referenzwert verwendet.

Um die weitere Vergleichbarkeit (u. a. beim Stromverbrauch) von verschiedenen Spulengeometrien und Feldaufbauten zu gewährleisten, ist es notwendig, dass zu vergleichende Aufbauten die gleiche Feldstärke generieren. Mit dem Ansatz aus dem vorigen Abschnitt wurde die Mittelwertfeldstärke als Referenz festgelegt. Eine Normierung auf eine feste Zielfeldstärke könnte durch Anpassen des Stroms und erneutes Durchführen der Simulation geschehen, was aber sehr zeitaufwendig ist. Stattdessen wurde die Eigenschaft genutzt, dass die Stärke des magnetischen Felds linear mit dem Strom ansteigt, sodass erhaltene Ergebnisse einfach skaliert werden können, ohne das komplette Feld neu berechnen zu müssen. Dabei ist zu beachten, dass im Gegensatz zum magnetischen Feld die Wirkleistung nach Gleichung 2.6 mit einem höheren Strom quadratisch und nicht linear ansteigt. Als allgemeine Zielfeldstärke bei der Normierung der Ergebnisse wurde 20 mT gewählt. Mit dieser Feldstärke befindet man sich bei 25 kHz noch unter dem Grenzwert für die maximale Erwärmung des Körpers des Patienten (SAR-Wert) und es kommt noch nicht zu peripheren Nervenstimulationen (PNS) in den Extremitäten [27][28]. Gleichzeitig ist die Feldstärke hoch genug, um bei

3.2 Parameter zur Bewertung

einer Gradientenstärke G von $5\,\text{T}\,\text{m}^{-1}$ eine Translation der FFL um $4\,\text{mm}$ zu ermöglichen. Würde man die Zielfeldstärke größer wählen (z. B. für in-vitro Aufnahmen), würden sich Leistungsunterschiede unterschiedlicher Spulen quadratisch bemerkbar machen, während die Inhomogenität nur linear ansteigt. Das Abdecken eines größeren FOVs benötigt größere Feldstärken, weshalb das sogenannte Fokusfeld eingeführt wurde [29]. Dabei verwendet man eine geringere Frequenz zur Verschiebung der FFL, wodurch man sich auch bei größeren Feldstärken unter den Grenzwerten der Magnetostimulation oder Gewebeerwärmung befindet [27]. Die Anregung findet im verschobenen Bereich weiterhin mit $25\,\text{kHz}$ statt.

Da für die x-Space Rekonstruktion homogene Felder benötigt werden, ist die Homogenität des Anregungsfeldes neben der Leistungsaufnahme ein wichtiges Kriterium. Nachdem die zu vergleichenden magnetischen Felder auf die gleiche Feldstärke normiert wurden, bietet es sich an bestimmte Vergleichswerte zu definieren, um quantitative Aussagen über die Feldhomogenität treffen zu können. Anhand dieser Werte soll dann eine Bewertung der verschiedenen Felder erfolgen. Als erster Vergleichswert bietet sich die empirische Standardabweichung des Feldes an, sie gibt Aufschluss über die Streuung der Feldstärken der einzelnen Punkte um den als Referenz definierten Mittelwert ist. Die Standardabweichung lässt sich mit

$$\sigma = \sqrt{\frac{\sum_{i=1}^{N}(B_i - \overline{B})^2}{N}} \qquad (3.3)$$

berechnen, $\overline{B}$ beschreibt dabei den Mittelwert des Feldes.

Eine weitere relevante Maßzahl ist die maximale Auslenkung der FFL durch eine inhomogene Anregung. Dafür betrachtet man die Spanne also die Differenz des maximalen und minimalen Punktes im Feld und bezieht das mit der Gradientenstärke G auf die Strecke

$$\Delta x = \frac{B_{\max} - B_{\min}}{G}. \qquad (3.4)$$

Diese Größe gibt die Dicke des Bereichs an, in dem die tatsächliche FFL liegt. Solange man sicherstellt dass die Auslenkung der FFL unter der maximal erreichbaren Auflösung liegt, spielen die Ungenauigkeiten in der Rekonstruktion keine große Rolle mehr. Bei einer idealen Zielauflösung von $\Delta x = 1\,\text{mm}$ ist es sinnvoll, die maximale Abweichung der FFL unter $0{,}2\,\text{mm}$ zu bringen. Die durch diese Differenz bewirkten Artefakte dürften keinen großen Einfluss mehr

3 Material und Methoden

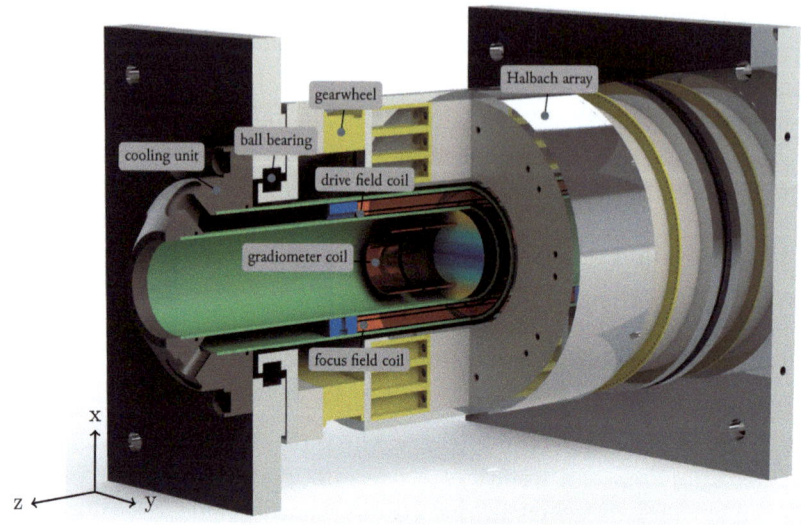

Abbildung 3.5: 3D-Simulation des FFL-Scanners, die Öffnung des Scanners ist in z-Richtung ausgerichtet, zwischen den grünen Röhren fließt Kühlflüssigkeit um die Spulenanordnung. In der Mitte ist das Feld mit der FFL angedeutet. Aus: Weber [7].

auf das Ergebnis haben. Eine weitere Erhöhung der Homogenität ist bei gleichzeitiger Leistungserhöhung dann nicht mehr sinnvoll. Kann mit dem gleichem Aufwand eine bessere Homogenität erreicht werden, hat dies jedoch keine negativen Auswirkungen, sondern erhöht die Robustheit des Systems gegen eventuelle Störeinflüsse. Wenn nicht anders angegeben sind die in dieser Arbeit berechneten FFL-Abweichungen auf eine Gradientenstärke von $5\,\mathrm{T\,m^{-1}}$ bezogen.

3.3 Rahmenbedingungen des Spulendesigns

Nachdem nun einige Bewertungskriterien für die Homogenität des Feldes eingeführt wurden, soll nun im folgenden Abschnitt kurz der aktuelle Stand des MPI-Scanners vorgestellt werden, für den die zu konstruierende Spule verwendet werden könnte. Mit diesen Informationen lassen sich dann erste Optimierungsschritte ableiten. Wie bereits in Abschnitt 2.2.3 erwähnt handelt es sich um einen

3.3 Rahmenbedingungen des Spulendesigns

FFL-Scanner, bei dem das Selektionsfeld durch eine Permanentmagnetanordnung generiert wird [7]. Die feldfreie Linie wird dabei in der Mitte der Anordnung in der Ebene senkrecht zur Rotationsachse generiert (siehe Darstellung des Scanners in Abbildung 3.5, farbiges Feld). Die Permanentmagneten in Halbach-Anordnung sind rotierbar gelagert, sodass die Rotation der FFL mechanisch z. B. durch einen Motor erfolgen kann. Da das Selektionsfeld in der Bildgebungsebene lediglich einen Komponenten in z-Richtung hat, kann die Verschiebung durch Superposition eines homogenen magnetischen Feldes in z-Richtung erfolgen. Die Verschiebung erfolgt in der xy-Ebene, allerdings wechselt die Magnetisierung der Partikel in z-Richtung. Die Anregung mit einem solchen Feld lässt sich am einfachsten mit einer langen Zylinderspule, die auf der Achse ausgerichtet ist, erzeugen. Deshalb wurde für die aktuelle Version des Scanners, wie sie in [7] vorgestellt wird, eine 150 mm lange Zylinderspule mit 92 Wicklungen aus 1,5 mm Kupferlackdraht konstruiert, die ein sehr homogenes Feld erzeugt.

Diese Spule hat in der Simulation bei einer Anregungsfrequenz von 25 kHz eine mittlere Wirkleistung von 316 W bei Generierung eines Feldes mit 30 mT Amplitude. Nach Einbau in den Scanner liegt die gemessene Leistung mit 332 W etwas höher. Dieser leichte Anstieg ist auf Verluste zurückzuführen, die unter anderem durch Wechselwirkungen mit dem aus Aluminium bestehenden Gehäuse entstehen.

Im nächsten Designschritt soll nun außerhalb der Anregungsspule ein Kupferrohr eingebaut werden, damit die Bildgebungsfläche besser von externen Störsignalen abgeschirmt wird. Das Kupfer dämpft von außen eindringende Felder, die zum Beispiel durch den für die Rotation verwendeten Motor erzeugt werden. Würde man dieses Kupferrohr nun mit der im Moment genutzten Spule verwenden, käme es durch induzierte Wirbelströme zu starken Verlusten, die in Form von Wärme abgegeben werden. Daher müsste eine sehr viel höhere Leistung erbracht werden, um das gleiche Feld zu generieren. Laut Simulation muss man für das Feld nun eine Leistung von mehr als 5,2 kW aufwenden, womit ein größerer Aufwand für die Kühlung betrieben werden müsste und auch die Stromversorgung einen sehr leistungsfähigen Verstärker benötigen würde. Deshalb gilt es diesen hohen Leistungsverlust im Rahmen der gegebenen Umstände zu verringern.

3 Material und Methoden

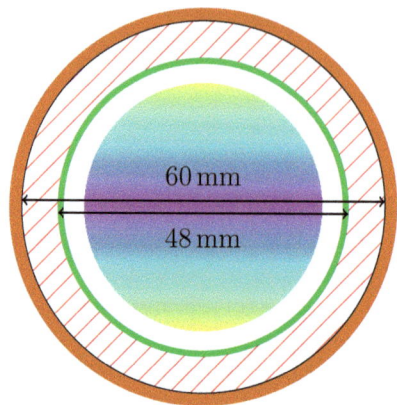

Abbildung 3.6: Querschnitt durch den Scanner, innere (Rohr) und äußere (Abschirmung) Begrenzung der DF-Spule, mit dem zur Verfügung stehendem Platz (schraffiert), das FOV von 40mm Durchmesser ist durch das Selektionsfeld mit FFL dargestellt.

Durch den sehr kompakten Aufbau des Scanners ist der Platz, der für die Anregungsspule zur Verfügung steht, sehr begrenzt. Die Zielgröße für die Öffnung, die für Bildgebung genutzt werden kann, ist 40 mm. Nach dem Einbau der Empfangsspule und inneren Röhre bleibt ein Außendurchmesser von 48 mm. Das einzubauende Kupferrohr hat einen Innendurchmesser von 60 mm und eine Dicke von 2 mm. Außerhalb des Schildes wird die Fokusfeld-Spule platziert, da deren Feld aufgrund der geringeren Frequenz vom Kupfer wenig beeinträchtigt wird. Mit dem abschließenden Rohr ist der Bereich der Kühlflüssigkeit wieder beschränkt. Eine Übersicht über die Platzbeschränkung sieht man in Abbildung 3.6. Außerdem ist zu bedenken, dass die Spule auf irgendeine Weise auf der inneren Röhre fixiert und zentriert werden muss, damit das Feld genau mittig anliegt. Auch muss die Spule gut von der Kühlflüssigkeit umspült werden können, um eine effiziente Kühlung zu ermöglichen. Alles in allem wird also eine in der Leistungsaufnahme optimierte, ein ausreichend homogenes Feld generierende Spule benötigt, die nicht mit den vorhandenen Bauteilen in Platzkonflikt tritt.

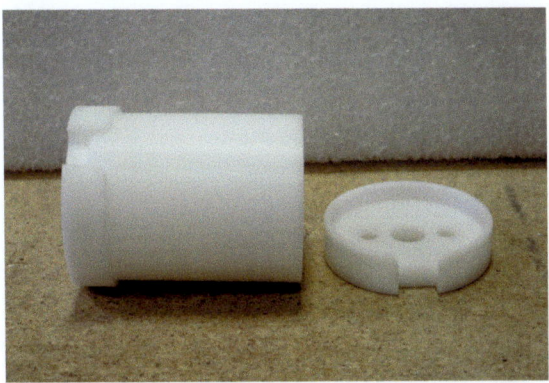

Abbildung 3.7: Wickelkern mit 50 mm Durchmesser für die Spulenkonstruktion, gefertigt aus POM.

3.4 Spulenkonstruktion

Um die Konstruktion der entworfenen Spulen zu ermöglichen, wurde durch die feinmechanische Werkstatt der Universität ein Kern aus Polyoxymethylen (POM) gefertigt. Der Wickelkern besteht aus einem Mittelteil und zwei Deckeln, die die Befestigung des Kabels und die Begrenzung des Windungsbereichs übernehmen. Der Kern hat einen Durchmesser von 50 mm und eine freie Wickelfläche von ebenfalls 50 mm. Die Deckel sind abzunehmen, damit nach Aushärtung des Klebers die Spule von Kern gezogen werden kann. POM hat die Eigenschaft sich nur schlecht mit diversen Klebern zu verbinden, sodass die Fixierung der Spule und gleichzeitig ein Entfernen des Kerns möglich ist.

Nachdem der Kupferlackdraht auf den Kern gewickelt wurde, erfolgte die Fixierung des Drahtes mit einem Zwei-Komponenten Epoxidharz (Typ L285). Das Harz wurde nach dem Anmischen aufgetragen und mit einem Heißluftföhn verflüssigt, damit es sich besser in den einzelnen Windungen verteilt. Danach wurde die gewickelte Spule mit dem Kern auf die im folgenden Abschnitt präsentierte Drehvorrichtung gespannt und nach ungefähr 24 Stunden Aushärten vom Kern gelöst. Um den Kern entfernen zu können ist es hilfreich den gesamten Aufbau z. B. mithilfe eines Gefrierschranks stark abzukühlen, damit sich das POM zusammenzieht und es so leichter von der Spule zu lösen ist. Bei der ersten Version des Kerns kam es dazu, dass der Kleber auf eine Weise aushärtete, dass eine Kante

3 Material und Methoden

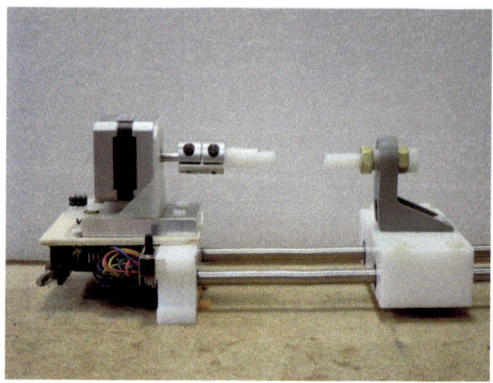

Abbildung 3.8: Realisierte Drehvorrichtung zur gleichmäßigen Aushärtung des Klebers, links ist der Motor mit Steuerung befestigt. Der Spulenkern wird auf die Achse eingespannt.

von der letzten Windung in die Mitte ragte. Dadurch brach stets die letzte Windung beim Entfernen des Kerns ab. Mit einer Anpassung des Kerns und Verstärkung der Bindung der ersten und letzten Wicklung mit einem Glasgewebeband konnte das Problem jedoch gelöst werden.

Um die Gesamtstabilität der Spule zu erhöhen, ist es auch möglich die komplette Spule mit diesem Glasgewebeband zu umwickeln. Dies führt auf der Außenseite allerdings zu einer dickeren wärmeisolierenden Schicht, was die Kühlung mithilfe einer Kühlflüssigkeit erschweren würde. Damit möglichst viel blankes Kupfer gekühlt werden kann, wurden nur vereinzelte Gewebestreifen zur Verstärkung der kritischen Stellen eingesetzt.

Drehvorrichtung

Damit der Kleber auf allen Seiten gleichmäßig aushärten kann, ist es praktisch den Kern kontinuierlich zu drehen, um zu vermeiden, dass das Harz auf eine Seite läuft und sich dort ansammelt. Um die Rotation zu automatisieren, wurde auf der Grundlage eines vorhandenen, umfunktionierten Schienensystems eine Drehvorrichtung aufgebaut.
Die Rotation erfolgt durch einen Schrittmotor (SM-42BYG011-25, SparkFun Electronics, Boulder, USA), der von einem Arduino Uno

R3 mit variabler Geschwindigkeit angesteuert werden kann. Die Einstellung der Richtung und Geschwindigkeit in einem Bereich von 8 bis 46 Umdrehungen pro Minute kann vom Benutzer mit einem Schalter und einem Potentiometer durchgeführt werden. Der Motor wurde auf der einen Seite der Grundstruktur montiert und auf dem beweglichen Schlitten eine Lagerung für die Achse konstruiert. Mit der verschiebbaren Aufliegestelle ist es möglich die Vorrichtung auch für Kerne unterschiedlicher Länge zu verwenden. Die Halterung für das Lager wurde mit einem 3D-Drucker (Ultimaker 3, Ultimaker B.V., Geldermalsen, Niederlande) aus einem thermoplastischen Kunststoff (engl. polylactid acid, kurz PLA) gefertigt und mit einem Platz für ein handelsübliches Kugellager (Typ 608) versehen. Als Verbindung zum Spulenkern wurden M8 Nylon-Sechskantschrauben verwendet.

3.5 Alternative Spulengeometrien

Die klassische Zylinderspule ist der einfachste Weg ein homogenes Feld mit nur einer Komponente zu erzeugen. Allerdings gibt es einige Möglichkeiten, wie sich durch geometrische Änderungen die Eigenschaften verbessern lassen. Im Folgenden sollen einige davon mit ihren, ihre Geometrie definierenden, Eigenschaften eingeführt werden. Allgemein lassen sich die verschiedenen Spulengeometrien in zwei Ansätze unterteilen. Erstens die Ansätze, die die Feldhomogenität erhöhen, und zweitens die, die den Widerstand der Spule und damit die Verlustleistung verringern.

Geringerer Leistungsverlust

Ein Ansatz, den Widerstand einer Spule zu verringern, kommt aus der Radiotechnik. Dort werden Spulen mit einem geringen Widerstand benötigt, da diese einen hohen Qualitätsfaktor $Q = X_L/R$ und damit geringere Verluste aufweisen. Wie in Abschnitt 2.1.7 erwähnt, kommt es in parallel verlaufenden Leitern zu zusätzlichen Verlusten durch den Proximity-Effekt. Bei einer klassischen Zylinderspule verlaufen alle Windungen parallel, wodurch der Effekt stärkeren Einfluss hat. Eine Möglichkeit dies zu verbessern ist, die Spule mit einer Korbwicklung (engl. basket-weave) zu konstruieren [14].

3 Material und Methoden

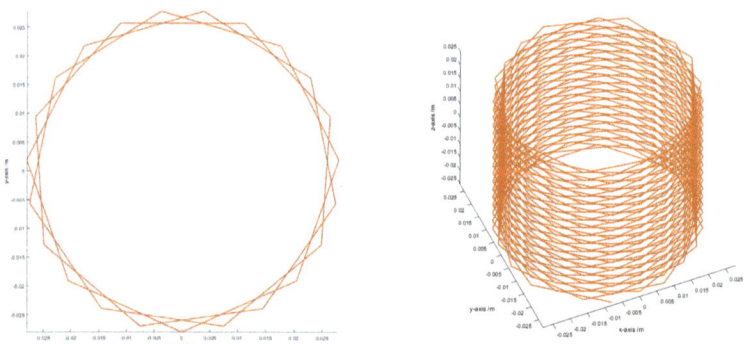

Abbildung 3.9: Korbwicklung mit der Über 1/ Unter 2-Methode, als Grundlage dienen 23 Pins

Durch diese Wickelungstechnik wird der Abstand zwischen parallel verlaufenden Wicklungen erhöht. Dazu wird ein Kreis von Nägeln oder anderen senkrechten Stiften aufgebaut, um den dann in einem bestimmten Muster gewickelt wird. Man startet an einem Punkt und geht mit dem Kabel erst außen an X Nägeln vorbei und dann innen an Y Nägeln. X und Y sind dabei frei zu wählende Schrittweiten. Typischerweise sind beide Werte kleiner als vier, da sonst der Innenradius sehr klein wird. In Abbildung 3.9 ist eine Wicklung mit 23 Pins und mit einem Muster von Über 1/ Unter 2 dargestellt. Es ist dabei sinnvoll, dass für die Anzahl der Pins N gilt

$$(X + Y) \mod N = \pm 1,$$

da dann der größte Abstand zwischen parallelen Kabeln gegeben ist. Man sieht, dass erst nach X+Y Wicklungen wieder der Startpunkt erreicht wird und das Kabel wieder parallel zur ersten Wicklung verläuft. Im gezeigten Beispiel hat sich so der Abstand zwischen den deckungsgleichen Windungen verdreifacht. Durch diesen Abstand verringern sich in der Theorie die Verluste durch den Proximity-Effekt.

Höhere Feldhomogenität

Neben der Möglichkeit die Verlustleitung zu verringern, kann auch versucht werden die Feldhomogenität zu verbessern und so ein

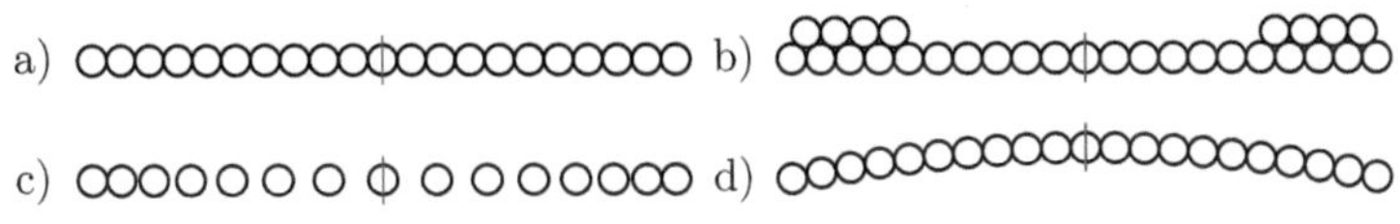

3.5 Alternative Spulengeometrien

Abbildung 3.10: Übersicht über die verschiedenen Spulengeometrien im Querschnitt. a): Standardspule, b): Zusatzwicklungen, c): Steigende Windungsdichte, d): Gekrümmtes Profil.

besseres Ergebnis bei gleicher oder nur gering höherer Leistung zu erreichen. Dazu sollen in dieser Arbeit drei Ansätze betrachtet werden.

Beim Feld der kurzen Zylinderspule ist es so, dass das Feld zur Mitte und zu den in Achsenrichtung weiter außen liegenden Bereichen hin abfällt. Eine Idee dies zu verhindern wäre in den äußeren Bereichen der Spule zusätzliche Wicklungen anzubringen. Durch das entstehende größere Feld am Rand steigt das Feld in der Mitte der Spule an, was für ein homogenes Feld sorgt. Die zusätzlichen Wicklungen werden in den Rillen zwischen den Grundwicklungen platziert, damit sich die Spule herstellen lässt. Die ideale Anzahl an zusätzlichen Windungen muss für jede Spulenlänge einzeln bestimmt werden. Wenn durch diese zusätzlichen Wicklungen die insgesamte Spulenlänge reduziert werden kann, sollte es damit bei gleicher Feldhomogenität zu geringerem Widerstand kommen.

Ein anderer Ansatz ist es, das Profil der Spule von einem Zylinder in eine andere Form zu überführen. Ein ähnlicher Effekt wie ihn mehr Wicklungen am Rand haben hat auch ein kleinerer Radius am Rand des Zylinders, wodurch der Abstand der Kabel zum Zentrum verkleinert wird. Durch den kleineren Abstand zur Mitte des Feldes wird der Einfluss der Windungen ähnlich verstärkt, wie eine größere Feldstärke es getan hätte. Für diesen Aufbau könnte man theoretisch jedes beliebige Profil nutzen. Um das Profil für die Simulation allerdings ein wenig einzuschränken und es mit wenigen Größen beschreiben zu können, sei folgende Kurve als Profil genutzt:

$$(z,r) = \left(\frac{l}{2}t,\ r_{\max} - |(r_{\max} - r_{\min})t^c|\right) \quad \text{mit } t \in [-1,1] \quad (3.5)$$

Damit ergibt sich ein Spulenprofil der Länge l, das am Rand einen Radius von $r_{\min}$ und in der Mitte einen Radius von $r_{\max}$ hat. Der

3 Material und Methoden

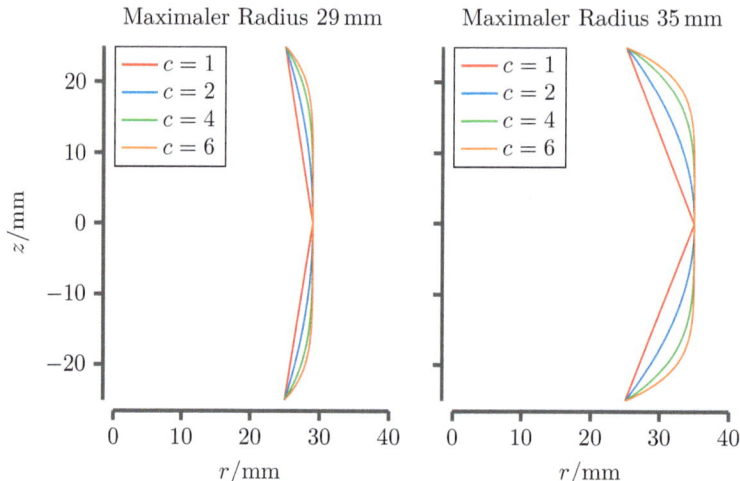

Abbildung 3.11: Darstellung der Auswirkung des Krümmungsparameters zur Beschreibung der Kurvenspule. Der minimale Radius ist auf 25 mm festgelegt

Abstand in z-Richtung, also der Symmetrieachse, ist dabei immer konstant, wie es auch der Fall wäre, wenn man die Spule wickelt. Der Parameter c beeinflusst die Krümmung der Kurve und kann eine beliebige positive reelle Zahl sein, so ist bei $c = 1$ das Profil durch einen linearen Anstieg des Radius gegeben und bei $c = 2$ durch einen Parabelbogen. Durch die größere radiale Ausdehnung ist mehr Platz zum Einbauen nötig, aber dafür kommt es nicht zu zusätzlichen Verlusten durch eng aneinander liegende Kabel, wie es bei den Zusatzwicklungen der Fall ist. Allerdings ist es nicht ganz trivial einen Wickelkern zu entwerfen, der es ermöglicht die Spule wieder abzunehmen, da der Radius in der Mitte größer als außen ist. Ein einfaches Herausziehen ist dabei im Gegensatz zur Zylinderspule nicht möglich.

Die beiden letzten Varianten haben darauf abgezielt, am Rand der Spule einen größeren Beitrag zum Feld zu leisten. Dies ist auch möglich, indem man die Windungsdichte der Spule kontinuierlich erhöht, also die Steigung des Kabels entlang der Zylinderachse verringert. In der Simulation wurde das mithilfe eines linear absinkenden Abstandes zwischen den einzelnen Wicklungen und einer vorgegebenen ungeraden Anzahl an Kabeln realisiert. Ein Kabel wurde in der

3.5 Alternative Spulengeometrien

Mitte platziert und der verbleibende Platz auf alle zu platzierenden Kabel so aufgeteilt, dass sich die letzten beiden Windungen gerade berühren. Je weniger Kabel auf die gleiche Länge gesetzt werden, desto größer ist der Unterschied in der Windungsdichte. Praktisch ist diese Technik nicht ganz simpel zu konstruieren, da die Kabel nicht mehr direkt aneinander gewickelt werden können, sondern unterschiedliche Abstände benötigen. Dies wäre mit nur mit einem Kern möglich, der jede Wicklung einzeln in die richtige Bahn führt. Der Kern wäre dann allerdings nicht mehr auf die herkömmliche Weise einfach zu entnehmen. Alle drei Ansätze sind in Abbildung 3.10 schematisch dargestellt.

3 Material und Methoden

Ergebnisse

Im folgenden Kapitel werden die in der Simulation erreichten Ergebnissen mit dem zugrunde liegenden Simulationsprozess präsentiert. Zuerst wird der Einfluss des Leiterdurchmessers auf den Widerstand der Spule betrachtet, um für die weiteren Betrachtungen eine einheitliche Größe zu wählen. Im Anschluss wird die Variation der Länge einer einfachen Zylinderspule durchgeführt, damit eine Grundlage für den weiteren Vergleich mit anderen Spulengeometrien gegeben ist. Danach werden die im vorigen Abschnitt eingeführten Veränderungen der Spulengeometrie auf ihren Nutzen in Bezug auf Feldhomogenität und Leistung überprüft. Anschließend werden die Ergebnisse zusammengefasst und auf die konstruierten Spulen eingegangen.

4.1 Simulation

4.1.1 Leiterdurchmesser

Wie man schon in Abschnitt 2.1.1 und Abschnitt 2.1.6 gesehen hat, besitzt die Querschnittsfläche und damit der Durchmesser eines Leiters einen großen Einfluss auf den Widerstand eines elektrischen Leiters. Der Widerstand im Gleichstromfall nach Gleichung 2.2 zeigt, dass ein Leiter mit einem größeren Durchmesser bzw. einer größeren Querschnittsfläche einen geringeren Widerstand aufweist. Dies ist im Falle eines Stromes mit höheren Frequenzen nicht mehr gegeben, da dort durch den Skin-Effekt eine maximale Leitergröße gegeben ist, bei der sich der Widerstand nicht mehr verringert.

Außerdem ist wichtig, dass man die bei einem bestimmten Strom erzeugte Feldstärke beachtet. Um bei halb so vielen Windungen N

4 Ergebnisse

das gleiche Feld zu erzeugen, benötigt man nach Gleichung 2.12 den doppelten Strom I. Die Anzahl der Windungen halbiert sich, wenn man bei der gleichen Spulenlänge l einen Leiter mit doppelt so großem Durchmesser verwendet. Damit wird die benötigte Leistung zum einen durch den Widerstand, als auch durch den benötigten Strom beeinflusst. Bei einem kurzen Kabel mit geringem Widerstand benötigt man einen größeren Strom. Im Gleichstromfall bewirkt eine Vergrößerung des Durchmessers immer eine Verringerung der Gesamtleistung, da durch den größeren Querschnitt und die kleinere Gesamtlänge der Widerstand deutlich verringert wird. Der Widerstand sinkt stärker, als der zur Felderzeugung benötigte Strom ansteigt. Allerdings sollte der Durchmesser stets deutlich kleiner als die Länge der Spule bleiben, damit die Form der Zylinderspule erhalten bleibt und die Gleichungen weiter ihre Gültigkeit behalten. Der Verlauf der Leistung bei größerem Leiterdurchmesser im Gleichstromfall ist in blau in Abbildung 4.1 dargestellt.

Um den idealen Leiterdurchmesser bei der für MPI genutzten Anregungsfrequenz von 25 kHz zu bestimmen, wurden Zylinderspulen mit unterschiedlichen Kabelstärken verglichen. Dabei wurde eine Länge der Spule von insgesamt 50 mm festgelegt und die Anzahl der Wicklungen immer so gewählt, dass die Kabel direkt aneinander liegen. Das Feld der einzelnen Ergebnisse wurde auf 20 mT normiert. Die resultierende Leistung sowohl mit als auch ohne Abschirmung sind in Abbildung 4.1 dargestellt. Außerdem ist zum Vergleich der gleiche Aufbau im Gleichstromfall eingetragen. Die verwendete Abschirmung stammt aus dem Scanner in Abschnitt 3.3 und ist ein Kupferrohr mit 30 mm Innendurchmesser und 2 mm Stärke. Die Länge wurde mit 200 mm deutlich länger als die Spule gewählt. Wenn nicht anders erwähnt, ist dieses Rohr bei allen anderen Simulationen, bei denen eine Abschirmung simuliert wurde, verwendet worden.

An den Simulationsergebnissen kann man erkennen, dass es einen minimalen Leistungsverlust für ein Feld von 20 mT gibt, dieser wird bei einem Durchmesser von ungefähr 900 µm erreicht. Dies entspricht in etwa einem Radius in der Größenordnung der in Abschnitt 2.1.6 berechneten Eindringtiefe von 418 µm. Dies ist realistisch, da eine weitere Vergrößerung des Querschnitts nur noch geringere Widerstandsverringerung bewirken würde, da der Großteil des Stromes in der äußeren Schicht fließt. Bei einem kleineren Leitungsdurchmesser ist durch den nach Gleichung 2.2 ansteigenden Widerstand der Leistungsverlust deutlich höher, obwohl bei weniger Windungen ein

4.1 Simulation

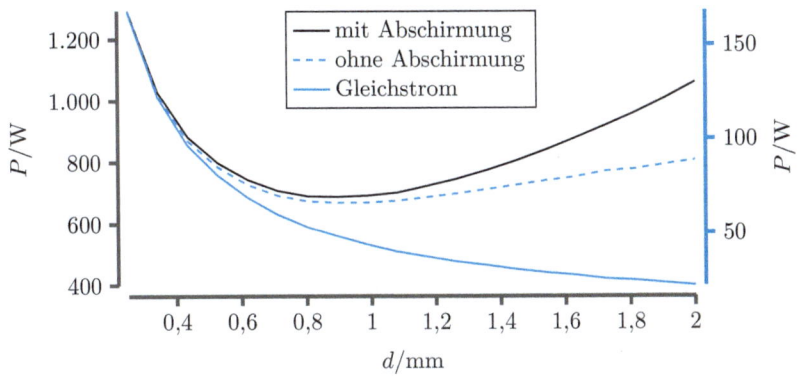

Abbildung 4.1: Verlustleistung in Abhängigkeit des Leiterdurchmessers bei fester Spulenlänge l bei 25 kHz und bei Gleichstrom.

kleinerer Strom gebraucht werden würde. Die Unterschiede eines Leiterdurchmesser im Bereich von 800 bis 1000 µm sind sehr gering, weswegen für die weitere Betrachtung und später auch die Konstruktion, wenn nicht anders erwähnt ein Durchmesser von 1 mm gewählt wurde. Im Gleichstromfall kann man beobachten, dass es keinen erneuten Anstieg der benötigten Leistung gibt, da hier der effektive Widerstand, wie in Gleichung 2.2 angegeben, geringer wird. Zusätzlich lässt sich beobachten, dass die Verlustleistung derselben Spule bei Vorhandensein einer Abschirmung rund achtmal größer ist.

4.1.2 Länge der Zylinderspule

Neben der Kabelstärke ist die Länge ein weiterer Parameter, der sich an der einfachen Zylinderspule ohne viel Aufwand variieren lässt. Durch die Änderung der Anzahl der Wicklungen ergeben sich unterschiedliche Einflüsse. Zum einen ist das Feld bei weniger Wicklungen und gleicher Stromstärke kleiner und der Widerstand sinkt ebenfalls. Andererseits sinkt auch die Homogenität des Feldes, da nun das Verhältnis aus der Länge l und dem Radius r kleiner wird. Dass das Verhältnis aus Länge zu Radius groß sein muss, war Voraussetzung für die Näherung des homogenen Feldes nach Gleichung 2.12.

In der Simulation wurde eine einfache Zylinderspule mit einem

4 Ergebnisse

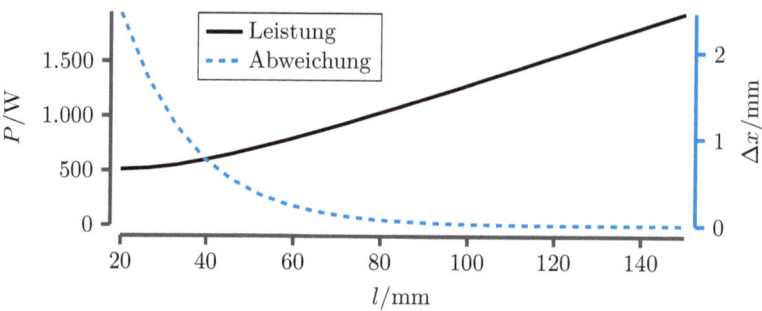

Abbildung 4.2: Darstellung der Simulationsergebnisse für Zylinderspulen mit unterschiedlicher Länge. Leistung und maximale Abweichung der FFL bei einem Gradienten von $5\,\mathrm{T\,m^{-1}}$ und einer Feldstärke von $20\,\mathrm{mT}$.

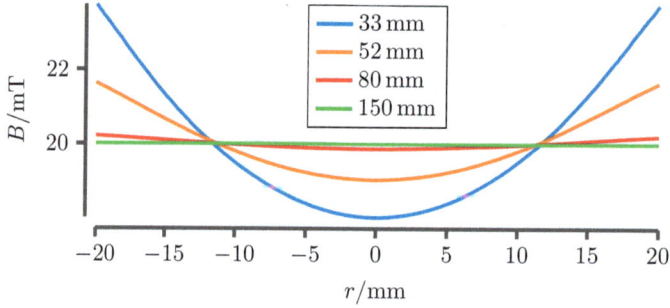

Abbildung 4.3: Achsensymmetrische Feldstärkeverläufe in der Mitte der Spule für unterschiedliche Spulenlängen. Bei einer langen Spule ist das Feld sehr homogen.

Kabeldurchmesser von 1 mm für einen Längenbereich von 20 bis 150 mm berechnet. Als Vergleichswert wird die benötigte Leistung und die maximale Abweichung der FFL in Abbildung 4.2 angegeben. Bei der Simulation wurde jedes Ergebnis auf eine Feldstärke von 20 mT normiert und die Abschirmung mit 30 mm Innendurchmesser aus der ersten Simulation verwendet. Die Ergebnisse von Leistung und Abweichung der FFL sind in Abbildung 4.2 dargestellt.

Man kann sehen, dass bei mehr als 90 Wicklungen keine weitere nennenswerte Erhöhung der Homogenität stattfindet. Mit einer Spule mit 90 mm Länge könnte also die gleiche Feldqualität, wie bei einer 150 mm Spule, bei rund 40 % weniger Leistung erreicht werden. Nun liegt die Abweichung der feldfreien Linie mit weniger als 0,01 mm deutlich unter der mit MPI erreichbaren Auflösung. Es ist also möglich die Spule noch weiter zu verkürzen, was eine weitere Leistungsreduktion mit sich bringen würde. Diese einfache Verkürzung ist jedoch nur bis zu einem gewissen Punkt sinnvoll, da es, wie man in Abbildung 4.2 an der blauen Kurve sieht, ab einer Länge von weniger als 50 mm zu einem starken Anstieg der Inhomogenität kommt. Die eingesparte Leistung bleibt dabei allerdings konstant.

In Abbildung 4.3 ist der Feldstärkeverlauf für ausgewählte Spulenlängen dargestellt. Man sieht, dass sich die Inhomogenität bei kürzeren Spulen darin widerspiegelt, dass das Feld in der Mitte kleiner ist als am Rand.

4.1.3 Evaluation alternativer Spulengeometrien

Beim Feldstärkeverlauf der kürzeren Spulen aus dem vorhergehenden Abschnitt lässt sich erkennen, dass die Feldstärke in der Mitte geringer ist als am Rand. Für eine bessere Homogenität wäre ein gleichmäßigerer Feldverlauf wünschenswert. Im folgenden Teil sollen die in Abschnitt 3.5 vorgestellten Veränderungen auf ihre Auswirkungen auf Homogenität und Leistung hin untersucht werden.

Zusätzliche Wicklungen

Wenn im Außenbereich zusätzliche Wicklungen angebracht werden, verändert sich der Verlauf des Feldes. Je mehr Kabel zusätzlich angefügt werden desto stärker steigt die Feldstärke in der Mitte an. Bis zu einem gewissen Punkt verbessert sich dabei die Homogenität, bevor das Feld wieder schlechter wird, da die Feldstärke nun in der Mitte deutlich höher als am Rand ist. Diese drei Zustände sind in Abbildung 4.4 am Beispiel einer Spule mit 50 mm Länge dargestellt.

Neben der verbesserten Homogenität lässt sich in der Simulation beobachten, dass durch die eng geschichteten Kabel die Leistung stärker ansteigt, als es bei der gleichen Anzahl an zusätzlichen Windungen am Rand passieren würde. Daher gibt es nur eine einzige Anzahl von Zusatzwicklungen, bei denen der Vorteil der erhöhten Homogenität den Nachteil der Leistungserhöhung überwiegt. Die ideale Anzahl an Zusatzwindungen wurde durch die Simulation

4 Ergebnisse

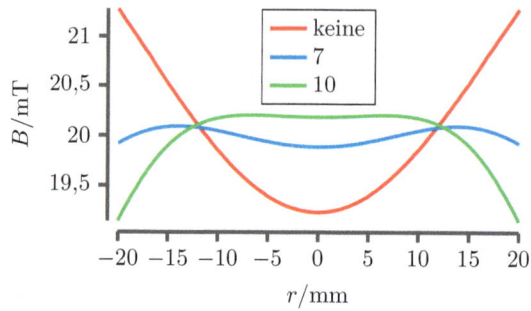

Abbildung 4.4: Einfluss der Extrawicklungen auf das Feld einer 50 mm Spule. Sieben Zusatzwindungen erwiesen sich in der Simulation als Optimum für diese Geometrie. Bei mehr bzw. weniger Wicklungen verringert sich die Homogenität

Tabelle 4.1: Ideale Anzahl an Zusatzwicklungen bei verschiedener Spulenlänge. Veränderung gegenüber der Spule gleicher Länge ohne Extrawindungen und Vergleich mit längerer einfacher Zylinderspule gleicher Homogenität.

Länge der Spule	Anzahl der Zusatzwicklungen	Leistungs- änderung	Homogenitäts- änderung um Faktor	Leistungs- veränderung bei gleicher Homog.
40 mm	9	+55%	5	+5%
50 mm	7	+49%	10	-13%
60 mm	6	+39%	7,3	-9%
70 mm	6	+36%	10	-10%

bestimmt und ist in Tabelle 4.1 eingetragen. Die Homogenität in Abhängigkeit von der Verlustleistung für die verschiedenen Spulen ist in Abbildung 4.5 dargestellt. Die durchgezogene Linie beschreibt die Wertepaare aus Homogenität und dafür benötigter Leistung der normalen Zylinderspulen ohne Veränderungen. Die Spulen unterschiedlicher Länge sind leicht herzustellen und sollen somit hier als Vergleichsgrundlage dienen. Wenn eine aufwendiger herzustellende Spule kein besseres Ergebnis als eine normale Zylinderspule liefert, ist der zusätzliche Fertigungsaufwand nicht nötig. Ein Ergebnis ist dann der normalen Zylinderspule vorzuziehen, wenn es sich links unterhalb der roten Linie befindet. Dies bedeutet, dass mit gleicher Leistung eine bessere Homogenität zu erreichen ist bzw. für die gleiche Homogenität weniger Leistung benötigt wird. Für jede

4.1 Simulation

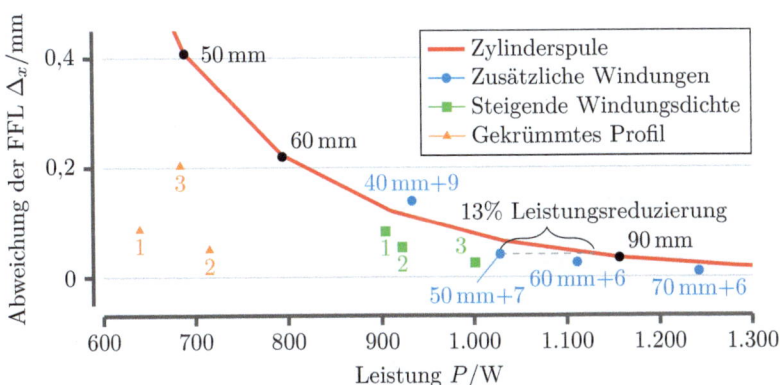

Abbildung 4.5: Vergleich der verschiedenen Spulengeometrien: In rot sind die unveränderten Zylinderspulen mit verschiedener Länge als Vergleichslinie dargestellt. Die blauen Punkte stehen für Spulen mit Zusatzwicklungen (siehe Tabelle 4.1), die orangenen für gekrümmte Spulen (siehe Tabelle 4.2) und grüne Punkte für Spulen mit steigender Windungsdichte (siehe Tabelle 4.3).

Spulenkonfiguration wurde die Leistungsveränderung bei gleicher Homogenität im Vergleich mit dieser Baseline berechnet, die Werte sind jeweils in der letzten Spalte der verschiedenen Übersichten zu finden (u. a. in Tabelle 4.1). Da nicht für jede beliebige Abweichung eine eigene Spule simuliert wurde, wurden die fehlenden Vergleichspunkte mit einer linearen Interpolation aus den simulierten Daten bestimmt. Dabei ist zu erwähnen, dass sich mit der 40 mm Spule mit keiner Anzahl an Zusatzwicklungen eine bessere Kombination aus Homogenität und Leistung erreichen ließ, als mit einer normalen Zylinderspule. Hier wurde die Spule mit der besten Homogenität aufgeführt, auch wenn die Leitung größer ist, als mit einer Zylinderspule gleicher Homogenität.

Gekrümmtes Profil

Als Alternative zu den zusätzlichen Wicklungen am Spulenrand wird im folgenden Abschnitt untersucht, ob es einen Vorteil bringt die äußeren Wicklungen näher in Richtung Zentrum zu positionieren und so den Einfluss auf die Mitte des Feldes zu erhöhen. Dafür

4 Ergebnisse

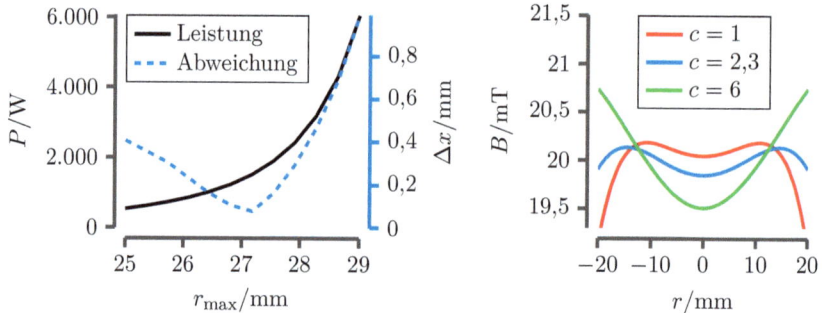

Abbildung 4.6: Einfluss des maximalen Radius auf die Leistung und die Homogenität. Die Spule wurde mit einer Länge von 50 mm und minimalen Radius von 25 mm bei einer Krümmung von $c = 2$ berechnet. Man sieht einen starken Anstieg bei größerem Radius. Rechts ist der Einfluss der Krümmung auf den Feldstärkeverlauf dargestellt. Die Parameter entsprechen Eintrag 2 aus Tabelle 4.2

wurde in Abschnitt 3.5 das Kurvenprofil eingeführt. Nach iterativer Optimierung mit Einschätzen des Feldverlaufs konnte händisch eine zufriedenstellende Konfiguration der verschiedenen Parameter bestimmt werden. Durch die relativ lange Berechnungsdauer einer einzelnen Konfiguration wurde auf einen systematischen Ansatz, wie zum Beispiel mit einem Gauß-Newton-Verfahren, verzichtet. Bei der Simulation konnte beobachtet werden, dass eine Vergrößerung des maximalen Radius der Spule zu einem starken Leistungsanstieg führt. Die Ergebnisse für einen festen Innenradius und Krümmung sind in Abbildung 4.6 dargestellt. Der starke Anstieg liegt am verringerten Abstand zur Abschirmung, wodurch die Verluste durch induzierte Wirbelströme drastisch ansteigen. Deshalb wurde bei den restlichen Ergebnissen der maximale Radius nur geringfügig vergrößert und stattdessen der minimale Radius im Außenbereich verkleinert. Zusätzlich wurde der Kurvenparameter c angepasst.

Diese Verringerung des minimalen Radius bewirkt eine verbesserte Homogenität und gleichzeitig einen geringeren Leistungsverlust, da nun der Abstand zur Abschirmung noch mehr vergrößert wird. Der Einfluss des Kurvenparameters c auf die Feldgeometrie ist in Abbildung 4.6 rechts gezeigt. Man kann beobachten, dass eine Veränderung des Parameters eine Verstärkung oder Abschwächung des Feldes an den Kanten bewirkt, wobei es ein Optimum für die Ho-

4.1 Simulation

Tabelle 4.2: Parameter der Spulen mit gekrümmten Profil, die in Abbildung 4.5 dargestellt sind. Leistungsvergleich mit Zylinderspule gleicher Homogenität.

Nummer	r_{min}	r_{max}	c	Leistungsveränderung bei gleicher Homogenität
1	24	26	1	-35%
2	23	26	2,3	-33%
3	25	26	0,5	-17%

mogenität des Feldes gibt. Einige Kombinationen von Parametern, die für verschiedene Homogenitäten gute Leistungsergebnisse erzielen sind in Tabelle 4.2 aufgelistet. Diese Konfigurationen sind in Abbildung 4.5 in orange in ihrem Leistungsverlust und Feldqualität eingeordnet. Dabei wurde jeweils für eine gewählte radiale Ausdehnung die für die Homogenität ideale Krümmung bestimmt.

Steigende Windungsdichte

Bei der Simulation des Ansatzes, bei dem die Windungsdichte zum Rand ansteigt, war durch die geringere Anzahl an Parametern eine Betrachtung deutlich leichter. Bei einer festgelegten Spulenlänge ist nur noch die Anzahl der Kabel variabel, die nur eine natürliche Zahl kleiner als die Ursprungsanzahl annehmen kann. Die Kabel werden mit einem immer kleiner werdenden Abstand gewickelt, bis sich die zwei letzten Windungen berühren (siehe Abschnitt 3.5). Bei der Simulation stellte sich heraus, dass es eine ideale Anzahl an Windungen gibt, für die die Homogenität am größten wird. Diese ist

Tabelle 4.3: Ideale Anzahl an Kabeln bei steigender Windungsdichte und Veränderung gegenüber der voll gewickelten Spule.

Nummer	Länge der Spule	Anzahl der Wicklungen insgesamt	Leistungserhöhung	Homogenitätserhöhung um Faktor	Leistungsveränderung bei gleicher Homog.
1	50 mm	39	+31%	4,8	-9,6%
2	60 mm	53	+16%	4	-16,7%
3	70 mm	65	+10%	4,6	-19%

4 Ergebnisse

von der Gesamtlänge abhängig und ist in Tabelle 4.3 für verschiedene Längen aufgelistet. Je weniger Windungen verwendet werden, desto kleiner wird der Widerstand. Einerseits begründet sich der kleinere Widerstand durch die Verringerung der gesamten Leiterlänge, andererseits aber auch durch den geringeren Abstand zwischen den Windungen, der den Einfluss des Proximity-Effekts (siehe Abschnitt 2.1.7) reduziert. Allerdings wird die Leistung insgesamt nicht zwangsläufig kleiner, da man bei weniger Windungen wieder einen größeren Strom benötigt, um den im Verhältnis stärkeren Abfall der Feldstärke auszugleichen. Die Spulen mit der variablen Windungsdichte sind in Abbildung 4.5 zum Vergleich in grün eingetragen.

Korbwicklung

Ob sich die theoretischen Vorteile der basket-weave Wickeltechnik in der Praxis beweisen, soll im Folgenden überprüft werden. Besonders soll hier der für MPI relevante Frequenzbereich in der Größenordnung von 25 Kilohertz betrachtet werden. In Hund und DeGroot [14] wurden verschiedene Spulen für den Frequenzbereich von 300 kHz bis 1,5 MHz betrachtet, wobei allerdings mit der dort konstruierten Spule und den zur Verfügung stehenden Messgeräten keine Widerstandsverringerung gemessen werden konnte.

Um für die Simulation mit FastHenry die Berechnungsdauer in Grenzen zu halten und trotzdem die genauere Diskretisierung von 5×5 Unterblöcken wählen zu können, wurde nur eine 20 mm lange Spule simuliert und verglichen. Für die Korbspule wurde das in Abbildung 3.9 gezeigte Muster verwendet, wobei um 23 Punkte mit der Über 1/ Unter 2-Technik gewickelt wurde. Der Radius der Pins wurde mit 28 mm so gewählt, dass die am weitesten nach innen vordringenden Kabel noch einen Innenradius von 25 mm frei lassen. Die Zylinderspule besteht aus 20 Windungen mit einem Radius von 25,5 mm in der Mitte des Kabels. Zusätzlich zu den Werten für Widerstand und Induktivität wurde das Feld für den Gleichstromfall mit der MATLAB-Simulation berechnet, um Einflüsse auf die Homogenität des Feldes zu betrachten.

In Abbildung 4.7 sind die Simulationsergebnisse für den Widerstand der beiden Spulengeometrien über die Frequenz aufgetragen. Man kann sehen, dass im höheren Frequenzbereich ab ungefähr 100 kHz der Widerstand der basket-weave Spule tatsächlich etwas geringer ist. Es bietet also im Standardanregungsbereich von MPI

4.1 Simulation

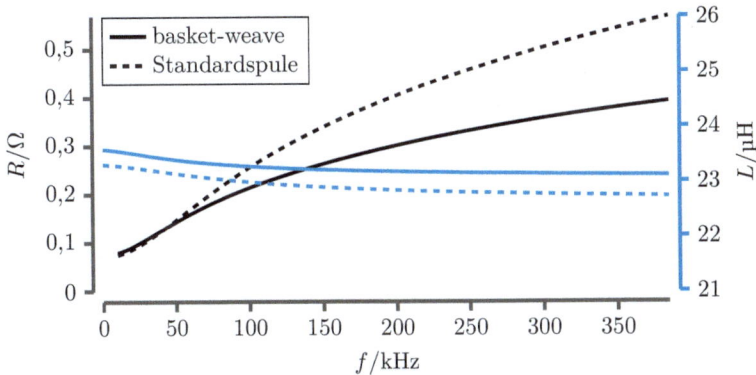

Abbildung 4.7: Darstellung des von FastHenry berechneten Widerstandes und Induktivität für die verglichenen 20 mm Spulen. Man sieht, dass nach einem gemeinsamen Start der Widerstand der Korbspule bei höheren Frequenzen weniger stark ansteigt.

bei 25 kHz noch keinen Vorteil die Anregungsspule auf diese Art zu bauen. Allerdings gibt es auch Ansätze das Anregungsfeld mit ca. 150 kHz oszillieren zu lassen [30], sodass in diesem Fall eine Verringerung des Widerstandes um 23 % bei kaum veränderter Induktivität erreicht werden kann (genaue Werte siehe Tabelle 4.4).

Die Feldsimulation ergab, dass das Feld der basket-weave Spule sehr genau dem Feld einer Zylinderspule entspricht. Es muss lediglich ein Radius gewählt werden, der mittig im Bereich der Wicklungen der Korbspule liegt. In dem simulierten Beispiel ergab sich die beste Übereinstimmung bei einem Radius von 26,5 mm mit einem RMSE von $1{,}11 \cdot 10^{-5}$ in der Querschnittsebene. Wie das Feld im Wechselstromfall aussieht, konnte mit den verwendeten Programmen nicht überprüft werden. Besonders durch die Wechselwirkung mit der Abschirmung könnten eventuell Abweichung vom idealen Feld auftreten.

Da in FastHenry der Einfluss einer Abschirmung nicht simuliert werden kann, sind die Ergebnisse nur beschränkt auf die eigentliche Anwendung übertragbar. Durch den größeren Radius der Korbspule wird im Scanner ein höherer Wirbelstromverlust im Schirm auftreten, der einen eventuellen Vorteil wieder zunichte machen könnte. Deswegen und wegen der komplizierteren Konstruktion wurde dieser Ansatz nicht weiter verfolgt. Weiterhin wurde die optimale Geometrie, mit der sich die größten Leistungseinsparungen erreichen ließen, noch nicht bestimmt.

Tabelle 4.4: Ergebnisse der FastHenry Simulation bei 25 und 150 kHz.

Spulentyp	Frequenz	Widerstand	Induktivität
Zylinderspule	25 kHz	94,6 mΩ	23,265 µH
Basket-Weave (23 Pins)	25 kHz	99,2 mΩ	23,538 µH
Zylinderspule	150 kHz	342,7 mΩ	22,897 µH
Basket-Weave (23 Pins)	150 kHz	265,0 mΩ	23,211 µH

4.1.4 Zusammenfassung

Im vorhergehenden Abschnitt wurden nacheinander die verschiedenen Ansätze simuliert und verschiedene Ergebnisse erzielt. Hier sollen nun die jeweils besten Ergebnisse zusammengefasst werden und auf die verschiedenen Vorteile eingegangen werden.

Beim Vergleich der verschiedenen Spulengeometrien ist besonders die Qualität des erzeugten Feldes in Abhängigkeit von der Leistung relevant. Mit dem Hinzufügen der zusätzlichen Wicklungen konnte bei einer Spulenlänge von 50 mm die Homogenität deutlich verbessert werden. Die Leistungsaufnahme stieg dabei um 49% im Vergleich zur 50 mm Spule ohne Extrawicklungen. Trotzdem ist die Leitungsaufnahme der Spule 13% geringer als die einer einfachen Zylinderspule von rund 88 mm Länge. Die Zylinderspule dieser Länge erzeugt ein Feld von gleicher Homogenität. Da die Homogenität mit einer maximalen Abweichung der FFL von $\Delta_x = 0,04$ mm deutlich unter der mit MPI erreichbaren Auflösung liegt und die Spule eine Verlustleistung von 1028 W hat, stellt sich die Frage, ob es sinnvoller wäre, eine geringere Leistungsaufnahme auf Kosten der Homogenität zu realisieren.

Eine Alternative stellte unter anderem die Spule mit zum Rand ansteigender Windungsdichte dar. In der Simulation konnte gezeigt werden, dass es mit der verwendeten Dichteverteilung möglich ist, bei bis zu 16% weniger Leistung als mit der 80 mm Zylinderspule eine FFL-Abweichung von 0,05 mm zu realisieren. Diese Variante benötigt mit 922 W rund 10% weniger Leistung als die Spule mit Zusatzwindungen und weist mit der sehr geringen FFL-Abweichung immer noch eine sehr gute Homogenität auf.

Noch weniger Leistung benötigt die Spule mit gekrümmten Profil, allerdings lassen sich damit die besten Ergebnisse erzielen, wenn der Innenradius verringert werden würde. Dies ist im Falle dieses Scanners nicht möglich, bzw. würde die nutzbare Scanneröffnung verkleinern. Bei einem abweichendem Scannerdesign könnte dies aber wieder eine Rolle spielen. Bei einer Verkleinerung des Innenradius auf 23,5 mm kann eine mit den anderen Ansätzen vergleichbare Homogenität von $\Delta_x = 0,08$ mm erreicht werden, die Leistungsaufnahme ist dabei allerdings mit 640 W etwa 30% geringer. Wenn man sich in den Grenzen des aktuellen Scanners bewegt, lässt sich eine FFL-Abweichung von $\Delta_x = 0,2$ mm realisieren. Dabei ist die benötigte Leistung mit 684 W rund 17% geringer als bei Verwendung der geraden Zylinderspule bei der gleichen Homogenität.

Bei der speziellen basket-weave Spulenwicklung konnte mit einer Frequenz von 25 kHz kein geringerer Widerstand beobachtet werden. In der Simulation bei 150 kHz konnte jedoch eine Widerstandsreduktion von rund 23% erreicht werden, die mit höheren Frequenzen weiter ansteigt.

4 Ergebnisse

Abbildung 4.8: Fertig gebaute Spulen, links ist die Spule mit je acht Zusatzwicklungen pro Seite und rechts die normale Zylinderspule mit 45 Windungen zu sehen.

4.2 Realisierte Spulen

Im Anschluss an die Simulationsarbeiten wurden zwei Spulen mit den in Abschnitt 3.4 vorgestellten Hilfsmitteln konstruiert. Nach dem Ergebnis aus Abschnitt 4.1.1 wurde für die Konstruktion ein Kupferlackdraht mit 1 mm Durchmesser verwendet. Da die Lackschicht eine Dicke von ungefähr 20 µm hat, misst der komplette Draht ungefähr 1,04 mm im Durchmesser.

Die erste erstellte Spule ist eine einfache Zylinderspule mit einer Länge von 50 mm und einem Durchmesser von ebenfalls 50 mm. Bei der ersten Spule war es durch Ungenauigkeiten beim Wickelvorgang nicht möglich, die theoretisch möglichen 48 Windungen in die gewünschte Länge einzupassen. Es wurden daher nur 45 Windungen realisiert. In Abbildung 4.8 kann man auch den zur Verstärkung der ersten und letzten Wicklung eingeklebten Glasfaserstreifen erkennen.

Die zweite Spule hat dieselben Ausmaße, es wurden jedoch zusätzlich auf jeder Seite acht Wicklungen am Rand angebracht. Außerdem konnte durch ein Zusammenpressen der Kabel die volle Anzahl von 48 Windungen auf den Kern gebracht werden. Es wurden acht Zusatzwicklungen gewählt, da in der Simulation für 48 Windungen damit die höchste Homogenität erreicht werden kann. Für die zusätzlichen Windungen wurde das Kabel nach der ersten Lage wieder zurück gewickelt, und der Mittelteil mittels zwei Schellen aus POM befestigt, die nach dem Aushärten des Klebers entfernt wurden.

4.2 Realisierte Spulen

Tabelle 4.5: Ergebnisse der Vermessung der gebauten Spulen bei 25 kHz. Die simulierten Werte wurden mit FEMM berechnet.

Spule	Absch.	L (gemessen)	L (simuliert)	R (gem.)	R (sim.)
Standard	nein	71,1 µH	69,6 µH	241,5 mΩ	230,6 mΩ
Standard	ja	44,7 µH	43,4 µH	272,8 mΩ	255,9 mΩ
Zusatzw.	nein	136,1 µH	136,2 µH	508,0 mΩ	496,9 mΩ
Zusatzw.	ja	84,0 µH	84,2 µH	536,0 mΩ	520,9 mΩ

Die beiden angefertigten Spulen wurden mithilfe eines Impedanzanalysators (E4990A, Keysight Technologies, Santa Rosa, USA) vermessen. Dabei wurde die Messung je einmal mit und einmal ohne eine zusätzliche Abschirmung durchgeführt. Als Ersatz für das in der Simulation verwendete Kupferrohr mit 30 mm Innendurchmesser wurde ein Kupferrohr mit einem größeren Durchmesser von 36 mm verwendet. Das Rohr hat eine Länge von 110 mm und eine Wandstärke von 2 mm. Die gemessenen Werte für Induktivität und Widerstand der Spule sind in Tabelle 4.5 notiert. Zusätzlich wurden die Simulationen für genau diese Konfigurationen mit FEMM durchgeführt und die Werte verglichen. Es ist zu erkennen, dass Induktivität und Widerstand der Simulation sehr gut mit den tatsächlich gemessenen Werten übereinstimmen. Der Verlauf des Widerstands über die Frequenz ist in Abbildung 4.9 einmal in der Simulation und in der Messung dargestellt. Man sieht deutlich den Anstieg des effektiven Widerstandes bei höheren Frequenzen, wie durch den Skin-Effekt hervorgesagt. Der relative Fehler beträgt im Mittel 2,7 %. Dies lässt davon ausgehen, dass auch die Eigenschaften des Magnetfelds sehr ähnlich zu den Simulationsergebnissen sein werden. Das Magnetfeld der Spulen könnte mit einer Hallsonde vermessen werden, was aber aufgrund des hohen Aufwands im Rahmen dieser Arbeit nicht möglich war.

4 Ergebnisse

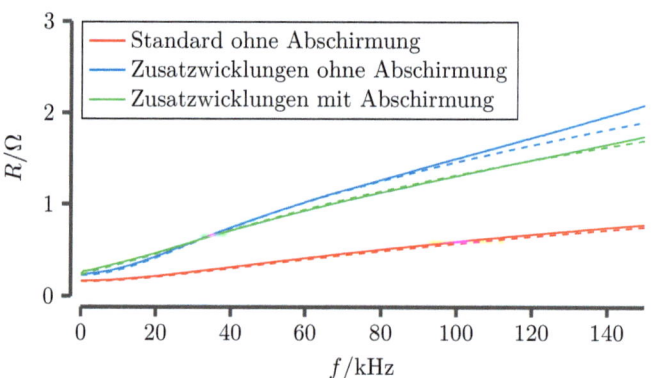

Abbildung 4.9: Verlauf des Widerstands über die Frequenz. Gemessene Daten im Vergleich zur Simulation (gestrichelt).

5

Diskussion und Ausblick

Im folgenden Abschnitt sollen die in der Simulation erreichten Ergebnisse betrachtet und in Hinblick auf die Realisierbarkeit und Nutzen für einen MPI-Scanner bewertet werden. Außerdem werden bei der Arbeit aufgetretene Probleme und die Auswirkungen auf die Ergebnisse betrachtet. Zum Abschluss soll ein Ausblick auf mögliche weitere Schritte diese Arbeit zu erweitern gegeben werden.

Bewertung der einzelnen Spulengeometrien

Für den Einbau in den vorgestellten oder einen vergleichbaren Scanner sind besonders die radialen Ausmaße der Spulen interessant. In Hinblick darauf lassen sich die vorgestellten Ansätze in zwei Kategorien unterteilen. Zum einen die Ansätze, die auf der einfachen Zylinderspule basieren und keine bzw. nur geringe Änderungen im Radius benötigen. Dazu zählt die Variation der Windungsdichte und das Hinzufügen von zusätzlichen Wicklungen, genauso wie das Verändern der Länge der normalen Zylinderspule. Mit diesen Ansätzen konnte eine reduzierte Leistung von bis zu 16% gegenüber der normalen Zylinderspule bei gleicher Homogenität erreicht werden. Allerdings ist die Leistungsdichte bei den Spulen deutlich höher, da auch die Länge von rund 90 mm auf 50 mm reduziert wurde. Diese verringerte Länge bedeutet auch eine kleinere Fläche, die für den Wärmeaustausch mit der Kühlflüssigkeit zur Verfügung steht. Es bleibt also zu überprüfen, wie die Einflüsse auf die Kühlung der Spule in der Praxis sein werden. Auch bleibt zu erwähnen, dass der Aufwand der Konstruktion und eventuelle Konstruktionstoleranzen gewisse Einflüsse auf den Nutzen der verschiedenen Spulen haben. So haben schon kleine Abweichungen von einem halben Millimeter

5 Diskussion und Ausblick

in der Simulation unter Umständen nicht zu vernachlässigende Auswirkungen auf das Feld. Die einfache Zylinderspule hat dabei die größte Robustheit gegen Ungenauigkeiten.

Bei der Definition der Spule mit zum Rand steigender Windungsdichte wurde angenommen, dass die Windungsdichte linear ansteigt. Dadurch wurde eine Einschränkung der allgemeinen Position der Leiter auf der Zylinderoberfläche vorgenommen. Grundsätzlich wäre jede beliebige Verteilung möglich, so auch etwa ein quadratischer Anstieg der Windungsdichte. Es könnte sein, dass damit eine bessere Homogenität zu erzielen ist. Für die Berechnung der optimalen Stromverteilung auf einer Oberfläche für ein bestimmtes Zielfeld finden sich Ansätze in Bringout und Buzug [31], die sich eventuell auch auf das Problem des Anregungsfeldes übertragen lassen. Da der Widerstand der Spule bei weniger Windungen mit größerem Abstand kleiner wird, steigt die Leistung lediglich dadurch an, dass ein höherer Strom verwendet werden muss, um die gleiche Feldstärke zu erreichen. Insgesamt ist dieser Ansatz also sehr vielversprechend, solange eine Möglichkeit besteht, die Spule leicht herzustellen und zu fixieren. Wenn die Kühlung von einer Seite ausreicht, wäre es zum Beispiel möglich, die Spule direkt auf einen Teil des Scanners mit entsprechenden Kerben für jede einzelne Windung zu wickeln. Damit wäre das Problem umgangen, einen Wickelkern wieder entfernen zu müssen.

Die zusätzlichen Wicklungen am Rand der Spule lassen sich mit wenig zusätzlichem Aufwand konstruieren und bringen eine Leistungseinsparung von rund 10% im Vergleich zu einer längeren Zylinderspule, die die gleiche Homogenität erreicht. Es bleibt allerdings zu überprüfen, wie sich die Kühlung der doppelten Schicht realisieren lässt, da besonders dort ein Großteil der Leistung in Wärme umgesetzt wird. Durch den nur gering größeren Außenradius im Vergleich zur Zylinderspule gibt es keine Probleme beim Einbau in den Scanner. Es ist allerdings zu beachten, dass durch die Wickeltechnik, die hier bei der Konstruktion verwendet wurde, die erste und die letzte Wicklung direkt übereinander liegen und zwischen den Kabeln also der komplette Spannungsabfall über der Spule anliegt. Es muss sichergestellt sein, dass die Isolierung der Kabel solche Spannungsspitzen übersteht. Insgesamt stellt diese Technik eine gute Variante dar, die Feldhomogenität zu erhöhen und gleichzeitig die Länge der Spule zu verkürzen. Eine Verkürzung der Spule ist in diesem Falle nicht notwendig, könnte aber in einem anderen Scannerkonzept von Vorteil sein.

Neben den Varianten, die den Innenradius unverändert ließen, wurden auch die Spule mit gekrümmten Profil und die basket-weave Spule betrachtet. Dort wurde beobachtet, dass eine Leistungsreduktion nur möglich ist, wenn der Außenradius nicht zu groß wird. Ein geringer Abstand zum Kupferschirm erhöht die Verluste drastisch, womit kein Leistungsvorteil mehr erreicht werden kann. Es wäre möglich, dies bereits früher in der Scannerkonstruktion zu berücksichtigen und den kompletten Aufbau so zu entwerfen, dass der Abstand zwischen Spule und Schild maximal groß wird. Dann wird allerdings durch den größeren Abstand auch eine größere Leistung für die Generierung des Selektions- und Fokusfeldes benötigt. Auch sollte gleichzeitig das für Bildgebung zur Verfügung stehende FOV nicht zu klein werden. In dieser Richtung bedarf es weiterer Untersuchungen, um für alle Aspekte des Scannerdesigns einen guten Kompromiss zwischen Leistung und Bildqualität zu gewährleisten.

Die Kurvenspule hat für kleinere Werte des Innenradius sehr geringe Leistungsaufnahmen bei gleichzeitig hoher Homogenität. Allerdings ist in der aktuellen Version des Scanners nicht genügend Platz, um die Vorteile nutzen zu können. Wenn man den Scanner so konzipiert, dass die Empfangsspule mit in dem von Kühlflüssigkeit umflossenen Abschnitt liegt, ließe sich auch ein kleinerer Innenradius der Anregungsspule realisieren. Dann wäre es unter Umständen möglich, den Platz im bauchigen Teil der Spule für die Empfangsspule zu verwenden, ohne den Radius für die offene Bildgebungsfläche verkleinern zu müssen. Dies wäre eventuell auch ein Vorteil gegenüber einer einfachen Zylinderspule mit kleinerem Radius.

Für die basket-weave Spule konnte eine Widerstandsreduktion nur für einen Bereich größerer Frequenzen festgestellt werden. Damit eignet sich die Geometrie nicht für die Anregungsfelderzeugung bei einer für MPI typischen Frequenz von 25 kHz. Es wäre allerdings denkbar, dass der geringere Widerstand bei höheren Frequenzen Vorteile für eine Empfangsspule birgt. In Hoult und Richards ist hergeleitet, dass das thermische Rauschen in einer Empfangsspule direkt mit dem Widerstand zusammenhängt [32]. Damit bedeutet ein geringerer Widerstand ein größeres SNR und damit eine insgesamt verbesserte Bildqualität. Auch ist diese Geometrie mit dem für

5 Diskussion und Ausblick

die Empfangsspule verwendeten dünneren Kabel deutlich leichter herzustellen als mit einem massiven 1 mm Kupferkabel.

Da für die Qualität der Spule mit der Homogenität und der Leistungsaufnahme immer zwei Parameter wichtig sind, stellte sich bei der Simulation stets die Frage, welcher Aspekt stärker betrachtet werden soll. Hier wurde meistens für eine Spulengeometrie der Punkt der besten Homogenität bestimmt, es wäre jedoch möglich gewesen, dass es eine Konfiguration mit geringfügig schlechterer Homogenität und dafür deutlich geringerer Leistung gibt. Dies konnte oftmals nur durch händisches Einschätzen behoben werden und müsste für eine systematische Simulation extra betrachtet werden. Hier würde sich ein eindeutiger Parameter, der die Homogenität auf die Leistung bezieht, anbieten. Dabei könnte auch eine Gewichtung der beiden Eigenschaften erfolgen, wenn kein einfaches Verhältnis gebildet wird.

Ein weiteres Problem war, dass besonders die Kurvenspule mit einer Vielzahl an Parametern zu beschreiben war, was die Menge der möglichen Kombinationen deutlich erhöht hat. Es musste deswegen vor der Simulation eine Einschränkung der Größen vorgenommen werden, wodurch nicht mehr sichergestellt ist, dass wirklich eine optimale Konfiguration bestimmt wurde. Auch war hier der Einfluss der verschiedenen Parameter auf das Feld nicht immer eindeutig.

Übertragbarkeit auf die Fokusfeldspule

Die Aufgabe des Fokusfeldes, ein homogenes Feld im gesamten Volumen zu erzeugen unterscheidet sich im Wesentlichen nicht von der Funktion der Anregungsspule, daher könnte es möglich sein, die Erkenntnisse dieser Arbeit auch auf eine Optimierung der Fokusfeldspule zu übertragen. Ein wichtiger Unterschied ist dabei die Frequenz, bei der das Feld erzeugt werden muss. Bei wenigen hundert Hertz spielen die hier betrachteten Effekte wie Skin-Effekt und Proximity-Effekt keine große Rolle. Auch wird keine bzw. nur geringe Wechselwirkung mit der Abschirmung zu erwarten sein. Allerdings könnten die hier betrachteten Geometrieveränderungen auch dort von Vorteil sein. Dies müsste in einer zusätzlichen Simulation überprüft werden.

Einfluss von Feldinhomogenitäten auf die Rekonstruktion

Weiterhin könnten die Auswirkungen einer inhomogenen Anregung auf die Rekonstruktion des Bildes mit der x-Space Theorie betrachtet werden. Mit diesen Informationen ließe sich dann auch eine Grenze festlegen, ab welchem Wert die Krümmung der FFL bemerkbare Artefakte im Bild hervorruft. Mit diesem Grenzwert ließe sich dann das Spulendesign leichter überblicken, da für diese gewünschte Homogenität die Leistung mit den verschiedenen Ansätzen nur noch minimiert werden müsste. Alternativ könnte eine Möglichkeit entwickelt werden, eine bekannte Feldinhomogenität vor der Rekonstruktion so zu kompensieren, dass die Artefakte unterdrückt werden. Dies bedarf einer ausführlichen mathematischen Betrachtung, da dort in der x-Space Theorie der Radon-Raum mit den nun krummen Projektionen anders gefüllt werden müsste.

Weiterführende Arbeiten

Als nächster Schritt bietet es sich an, die konstruierten Spulen in Betrieb zu nehmen und die Feldstärke bei einem bestimmten Strom zu messen, um die Ergebnisse der Simulation weiter zu verifizieren. Außerdem könnte nach dem Einbau in den Scanner eine Kühllösung installiert und überprüft werden. Dies ist besonders für die Spule mit Zusatzwicklungen interessant, da in diesem Teil eventuell die Wärme nicht so einfach abgeleitet werden kann. Desweiteren könnte versucht werden, einen Wickelkern für die praktische Herstellung einer Kurvenspule oder Spule mit variierender Windungsdichte zu entwickeln, da diese sehr gute Leistungseigenschaften bei gleichzeitiger besserer Homogenität haben.

5 Diskussion und Ausblick

Literatur

[1] B. Gleich und J. Weizenecker. Tomographic Imaging Using the Nonlinear Response of Magnetic Particles. *Nature*, 435(7046):1214–1217, 2005.

[2] B. Gleich. *Principles and Applications of Magnetic Particle Imaging*. Wiesbaden: Springer Vieweg, 2013.

[3] J. Weizenecker, B. Gleich und J. Borgert. Magnetic Particle Imaging Using a Field Free Line. *Journal of Physics D: Applied Physics*, 41(10):105009, 2008.

[4] P. W. Goodwill, J. J. Konkle, B. Zheng, E. U. Saritas und S. M. Conolly. Projection X-space Magnetic Particle Imaging. *IEEE Transactions on Medical Imaging*, 31(5):1076–1085, 2012.

[5] K. Bente, M. Weber, M. Graeser, T. F. Sattel, M. Erbe und T. M. Buzug. Electronic Field Free Line Rotation and Relaxation Deconvolution in Magnetic Particle Imaging. *IEEE Transactions on Medical Imaging*, 34(2):644–651, 2014.

[6] M. Weber und T. Buzug. *Magnetfelderzeugende Vorrichtung für das Magnetic Particle Imaging*. Patentiert in Deutschland: DE201510218122, 2016.

[7] M. Weber. „Neuartige Bildgebungskonzepte mit einer feldfreien Linie im Bereich Magnetic Particle Imaging". Dissertation, Universität zu Lübeck, 2017.

[8] J. C. Maxwell. A Dynamical Theory of the Electromagnetic Field. *Royal Society Transactions*, 155(1865):459–512, 1865.

[9] G. Lehner. *Elektromagnetische Feldtheorie: für Ingenieure und Physiker*. Berlin, Heidelberg: Springer Berlin Heidelberg, 2010.

[10] A. Agarwal und J. Lang. *Foundations of Analog and Digital Electronic Circuits*. San Francisco: Morgan Kaufmann, 2005.

[11] M. Marinescu. *Elektrische und magnetische Felder: Eine praxisorientierte Einführung*. Berlin, Heidelberg: Springer Berlin Heidelberg, 2009.

Literatur

[12] G. Strassacker und R. Süsse. *Rotation, Divergenz und Gradient: Leicht verständliche Einführung in die elektromagnetische Feldtheorie.* Stuttgart, Leipzig, Wiesbaden: Teubner, Springer, 2003.

[13] F. E. Terman. *Radio Engineers' Handbook.* New York, London: McGraw-Hill Book, 1943.

[14] A. Hund und H. DeGroot. Radio-frequency Resistance and Inductance of Coils used in Broadcast Reception. *Technologic Papers of the Bureau of Standards*, 19(298):651–668, 1925.

[15] S. Biederer. *Magnet-Partikel-Spektrometer.* Dissertation, Universität zu Lübeck. Wiesbaden: Vieweg+Teubner Verlag, 2012.

[16] S. Biederer, T. Knopp, T. F. Sattel, K. Lüdtke-Buzug, B. Gleich, J. Weizenecker, J. Borgert und T. M. Buzug. Estimation of Magnetic Nanoparticle Diameter with a Magnetic Particle Spectrometer. *World Congress on Medical Physics and Biomedical Engineering*, 25(8):61–64, 2009.

[17] K. Lüdtke-Buzug, S. Biederer, T. Sattel, T. Knopp und T. Buzug. Particle-Size Distribution of Dextran- and Carboxydextran-Coated Superparamagnetic Nanoparticles for Magnetic Particle Imaging. *World Congress on Medical Physics and Biomedical Engineering*, 25(8):226–229, 2009.

[18] P. W. Goodwill und S. M. Conolly. The X-space Formulation of the Magnetic Particle Imaging Process: 1-D Signal, Resolution, Bandwidth, SNR, SAR, and Magnetostimulation. *IEEE Transactions on Medical Imaging*, 29(11):1851–1859, 2010.

[19] P. W. Goodwill und S. M. Conolly. Multidimensional X-space Magnetic Particle Imaging. *IEEE Transactions on Medical Imaging*, 30(9):1581–1590, 2011.

[20] C. Kaethner. „Strategien zur effizienten Nutzung und Erweiterung des Messfeldes in Magnetic Particle Imaging". Dissertation, Universität zu Lübeck, 2017.

[21] J. Rahmer, J. Weizenecker, B. Gleich und J. Borgert. Signal Encoding in Magnetic Particle Imaging: Properties of the System Function. *BMC Medical Imaging*, 9(1):4, 2009.

[22] N. Panagiotopoulos, R. L. Duschka, M. Ahlborg, G. Bringout, C. Debbeler, M. Graeser, C. Kaethner, K. Lüdtke-Buzug, H. Medimagh, J. Stelzner et al. Magnetic Particle Imaging: Current Developments and Future Directions. *International Journal of Nanomedicine*, 10(2015):3097, 2015.

[23] R. M. Ferguson, A. P. Khandhar, S. J. Kemp, H. Arami, E. U. Saritas, L. R. Croft, J. Konkle, P. W. Goodwill, A. Halkola, J. Rahmer et al. Magnetic Particle Imaging with Tailored iron Oxide Nanoparticle Tracers. *IEEE Transactions on Medical Imaging*, 34(5):1077–1084, 2015.

[24] M. Kamon, L. Silveira, C. Smithhisler und J. White. *FastHenry User's Guide*. Research Laboratory of Electronics, Massachusetts Institute of Technology, 1996.

[25] D. C. Meeker. *Finite Element Method Magnetics*. Version 4.2 (Jan 2016), Adresse: http://www.femm.info.

[26] D. C. Meeker. An Improved Continuum Skin and Proximity Effect Model for Hexagonally Packed Wires. *Journal of Computational and Applied Mathematics*, 236(18):4635–4644, 2012.

[27] E. U. Saritas, P. W. Goodwill, G. Z. Zhang und S. M. Conolly. Magnetostimulation Limits in Magnetic Particle Imaging. *IEEE Transactions on Medical Imaging*, 32(9):1600–1610, 2013.

[28] I. Schmale, B. Gleich, J. Rahmer, C. Bontus, J. Schmidt und J. Borgert. MPI Safety in the View of MRI Safety Standards. *IEEE Transactions on Magnetics*, 51(2):1–4, 2015.

[29] J. Weizenecker, B. Gleich, J. Rahmer, H. Dahnke und J. Borgert. Three-dimensional Real-time in vivo Magnetic Particle Imaging. *Physics in Medicine and Biology*, 54(5):L1–L10, 2009.

[30] T. F. Sattel, O. Woywode, J. Weizenecker, J. Rahmer, B. Gleich und J. Borgert. Setup and Validation of an MPI Signal Chain for a Drive Field Frequency of 150 kHz. *IEEE Transactions on Magnetics*, 51(2):1–3, 2015.

[31] G. Bringout und T. M. Buzug. Coil Design for Magnetic Particle Imaging: Application for a Preclinical Scanner. *IEEE Transactions on Magnetics*, 51(2):1–8, 2015.

Literatur

[32] D. I. Hoult und R. Richards. The Signal-to-noise Ratio of the Nuclear Magnetic Resonance Experiment. *Journal of Magnetic Resonance*, 24(1):71–85, 1976.